DESCRIPTIONS

DES ARTS

ET MÉTIERS.

DESCRIPTIONS

DES ARTS

ET MÉTIERS,

FAITES OU APPROUVÉES

PAR MESSIEURS

DE L'ACADÉMIE ROYALE

DES SCIENCES.

AVEC FIGURES EN TAILLE-DOUCE.

A PARIS,

Chez { SAILLANT & NYON, rue S. Jean de Beauvais;
{ DESAINT, rue du Foin Saint Jacques.

M. DCC. LXI.

Avec Approbation & Privilége du Roi.

NOUVELLE MÉTHODE

POUR DIVISER

LES INSTRUMENTS DE MATHÉMATIQUE

ET D'ASTRONOMIE.

Par M. le Duc de Chaulnes.

M. DCC. LXVIII.

NOUVELLE MÉTHODE

POUR DIVISER

LES INSTRUMENTS DE MATHÉMATIQUE

ET D'ASTRONOMIE.

Par M. le Duc de Chaulnes.

La perfection de la Division des Inſtruments de Mathématique a été fondée juſqu'ici ſur la fineſſe de la vue & l'adreſſe de la main des Artiſtes qui en étoient chargés ; mais indépendamment de ce que ces qualités ſe trouvent rarement réunies au point où elles ſont néceſſaires pour former un Artiſte diſtingué, la nature ne leur permet d'en jouir qu'un certain nombre d'années ; d'ailleurs quelle que ſoit l'adreſſe d'un homme, & quelle que ſoit la perſpicacité de ſa vue, ni l'une ni l'autre ne peuvent égaler la préciſion d'un mouvement méchanique, ni la prodigieuſe augmentation que les Inſtruments d'Optique donnent aux facultés qu'il tient de la Nature.

C'eſt ce double avantage que j'ai appliqué à la Diviſion des Inſtruments dont je vais rendre compte. Je commencerai par donner la deſcription de ceux que j'emploie à cet uſage, après quoi je donnerai la Méthode & les divers moyens que j'ai employés pour m'en ſervir.

DESCRIPTION DES INSTRUMENTS.

Inſtrument à tracer.

La *Figure* 1 eſt une planche de bois *ABCD*, percée de ſix mortaiſes *EE* deſtinées à laiſſer paſſer des vis *E* (*Fig.* 2) pour arrêter cette planche ſur des établis dont on parlera plus bas ; les traces circulaires ponctuées *FG* & *HI* déſignent les places que doivent occuper les portions circulaires des *Figures* 3 & 4 dont on parlera dans un inſtant.

L'Echelle qui eſt au bas de la Planche en donnera les proportions, ce qui eſt dit une fois pour toutes les autres Planches, à moins de quelque exception dont alors on fera mention.

La *Figure* 2 eſt le profil de la Planche de la *Figure* 1, dans lequel on voit la vis *E* qui paſſe à travers les mortaiſes *E E* de la *Figure* 1 , comme on l'a dit plus haut ; on y voit auſſi le trou *M* deſtiné à recevoir la vis *N* de la *Figure* 4.

La *Figure* 3 eſt une plaque circulaire de cuivre dont on voit le profil à la *Figure* 5. Sur cette plaque il y a un limbe *K K* percé de 4 trous *K K K K* qui ſervent à fixer par le moyen des vis en bois *k* cette plaque circulaire dans l'emplacement marqué auſſi *K K* , &c , dans la *Figure* 1 ſur la Planche *A B C D*.

Le limbe *K K* , dont nous venons de parler , eſt taillé en biſeau en deſſous , comme on le peut voir en *K* (*Fig.* 5) pour retenir la piece *A B* , de la *Figure* 8 comme on le verra plus bas.

La *Figure* 4 eſt une regle circulaire de cuivre de même épaiſſeur que la plaque circulaire dont nous venons de parler , en y comprenant ſon limbe *K* ; elle a dans ſon épaiſſeur & à ſa partie convexe une gorge creuſe & arrondie qu'on peut voir en *O* (*Fig.* 6) dont on expliquera plus bas l'uſage ; elle eſt percée de 4 trous *L L* , &c , pour recevoir des vis *k* qui ſervent à la fixer ſur la Planche *A B C D* (*Fig.* 1) dans les endroits marqués auſſi *L L* , &c , dans cette *Figure*.

Comme ſes extrémités *P Q* débordent la largeur de la Planche , on y a mis les deux regles de champ *Q M* , terminées par les oreilles *M* qui ſervent à la fixer par le moyen des vis *N* dans l'épaiſſeur de la Planche à l'endroit marqué *M* dans la *Figure* 2.

La *Figure* 5 eſt le profil de la Figure 3 où l'on voit en *K* la coupe & par conſéquent le biſeau que doit avoir le limbe *K* de la *Figure* 3.

La *Figure* 6 eſt le profil de la *Figure* 4 où l'on voit la largeur *M Q* de la regle de champ *M Q* de la *Figure* 4 , & la coupe *O* de la gorge creuſe formée dans la partie convexe de la regle *Q P L L P Q* de la *Figure* 4.

Lorſque toutes ces pieces ſont montées enſemble , comme on vient de l'expliquer , elles ſont en état de recevoir l'outil dont on va décrire auſſi toutes les pieces.

La *Figure* 7 eſt une regle de cuivre qui porte à une de ſes extrémités une piece de cuivre *A B* , qui y eſt fixée en deſſous par des vis ou des rivures , parce qu'elle n'en doit pas être ſéparée.

Cette piece *A B* eſt circulaire du même rayon que le limbe *K K* de la *Figure* 3 , & porte un biſeau , comme on le voit en *B A* de la *Figure* 8 qui en eſt le profil. Ce biſeau entre dans celui de ce limbe *K K* , & empêche que la piece entiere , quand elle eſt montée , ne puiſſe s'échapper & ſortir de cette portion circulaire , quoiqu'elle lui laiſſe la liberté de tourner circulairement autour d'elle en appuyant ſa convexité contre la concavité du premier.

On voit dans cette plaque deux trous fraiſés en deſſous *C C* , deſtinés à laiſſer paſſer deux vis *D D* (*Fig.* 10) dont nous parlerons plus bas.

Cette même regle porte en *E* une petite plaque fur laquelle font fixés deux pieds deftinés à fervir de point d'appui à un levier *Figure* 11 , dont le profil fe voit *Figure* 12 , & dont nous indiquerons plus bas l'ufage.

Elle eft percée en *F*, d'une petite fenêtre carrée dont deux côtés font taillés en bifeau pour laiffer voir les lignes tracées fur la regle circulaire *Q P L L P Q* de la *Figure* 4 , auxquelles elle doit répondre.

G eft une mortaife dans laquelle entre le tenon de la piece dont on voit le plan *Figure* 13 , la face *Figure* 14 , & le profil *Figure* 15 , & qui eft arrêtée par une goupille quand le tenon eft entré dans cette mortaife.

H H font deux couliffeaux rivés fur la regle & taillés en bifeau en deffous pour recevoir & laiffer couler la piece dont on voit la coupe *Figure* 16 , & le profil *Figure* 17.

I eft une piece fixée fur la regle & deftinée à laiffer paffer dans un collet la vis de rappel *Figure* 18 , dont elle ne peut plus fortir quand on a paffé la petite goupille *a* dans le trou que l'on a fait à cette vis pour la recevoir.

La *Figure* 8 eft le profil de la même regle dans lequel les mêmes lettres repréfentent le profil des mêmes parties que l'on vient de voir en plan dans la *Figure précédente*; on y voit de plus en *K* , le profil d'une piece attachée en deffous & dont la longueur eft égale à la largeur de la regle dans laquelle on voit une gorge creufe femblable à celle qui eft formée fur la convexité de la piece circulaire de la *Figure* 4.

Cette piece *K* eft attachée à la regle , de façon que quand cette regle eft placée , comme nous l'allons dire , elle fe trouve vis-à-vis, mais à quelque diftance comme de 4 ou 5 lignes , en dehors de la convexité de la piece *Figure* 4.

Toutes les pieces qu'on vient de décrire étant en cet état , il eft facile de comprendre que fi l'on applique la regle *Figure* 7 fur la planche *Figure* 1 , garnie des pieces *Figure* 3 , 4 , &c, de façon que la plaque circulaire *A B* (*Fig.* 7) foit engagée fous le bifeau de la piece *Figure* 3 , dont la courbure circulaire eft concentrique à celle de la *Figure* 4 , on pourra faire tourner la regle autour du centre commun de ces deux courbures fans qu'elle puiffe échapper de la piece *Figure* 3 , tant qu'on la tiendra appuyée contre cette piece; mais pour l'empêcher de s'en éloigner & la fixer fur l'une & fur l'autre , on prendra le petit coin fait d'un bois dur dont on voit le plan *Figure* 19 , & le profil *Figure* 20 ; & en l'enfonçant dans les gorges creufes formées fur la convexité de la *Figure* 4 , & dans la piece *K* attachée fous la regle qu'on voit dans le profil *Figure* 8 de cette regle , elle fe trouvera arrêtée dans le lieu & la pofition que l'on jugera convenable.

Il n'eft pas moins aifé de comprendre que cet effet aura lieu de même quand la regle fera chargée de toutes les pieces dont elle doit être garnie , & ce n'eft en effet que pour plus de clarté que j'ai cru devoir parler ici de ce mouvement de la regle & de la façon de la fixer. Reprenons la description des autres pieces.

La *Figure* 9 est une piece de fer vue en plan, dont l'élévation en face est à la *Figure* 10, & le profil en *R* (*Fig.* 47). Cette piece porte deux oreilles *L* destinées à recevoir les deux vis d'acier *M*, qui sont terminées en pointes, & qui portent deux contre-écrous dont l'usage est de leur ôter toute espece de jeu quand elles sont fixées à la distance convenable.

Cette piece est percée de deux trous formant écrou qui servent à la fixer par le moyen des deux vis *D* (*Fig.* 10) sur la regle *Figure* 7 au travers des trous *C* de cette regle.

La *Figure* 10 est l'élévation en face de la piece *Figure* 9 dont nous venons de parler.

Les *Figures* 11 & 12 sont le plan & le profil d'un petit levier destiné à soulever le chassis de fer *Figure* 24, dont il sera parlé plus bas. Le levier est terminé d'un côté par le petit talon *A* qui doit porter sous le chassis, & de l'autre par un petit plateau au milieu duquel est un trou en écrou fait pour recevoir la vis *b* du petit seau qu'on voit à la *Figure* 21.

Ce levier se place & est mobile sur le point d'appui *E* des *Figures* 7 & 8, par le moyen d'une goupille qui en traverse les deux montants.

Les *Figures* 13, 14 & 15 sont le plan, la face & le profil d'une petite piece à tenon qui se place dans la mortaise *G* de la regle *Figure* 7, pour servir de point d'appui à la vis de rappel *Figure* 18 dont nous parlerons plus bas.

La *Figure* 16 est la coupe de la chape d'une poulie dont la base *A B* est une coulisse à double biseau, comme on le peut voir en *A* & en *B*, de l'élévation en face de cette même chape *Figure* 17. Cette chape porte en *C* une petite piece percée en écrou pour recevoir la vis de rappel *Figure* 18, qui la fait avancer ou reculer lorsqu'on la fait entrer dans les coulisseaux *H* de la *Figure* 7. On y voit aussi en *D*, un trou fait pour recevoir l'axe de la poulie.

La *Figure* 17 est la même chape vue en face avec la poulie : on y voit en *A* & en *B*, le profil des biseaux de la coulisse; en *C*, le trou en écrou pour la vis de rappel ; & en *D*, le quarré de l'axe de la poulie, dont on voit le profil *Figure* 22.

Ce quarré est destiné à recevoir la petite clef *Figure* 23.

La *Figure* 18 est une vis de rappel qui traverse le trou lisse de la piece marquée *I* de la *Figure* 7 qui, comme on l'a dit, doit être arrêtée en *I*, sur la regle *Figure* 7; delà elle passe dans le trou *C* en écrou de la chape *Figure* 16 & 17, & enfin va s'appuyer dans le petit trou *a* de la piece *Figure* 14, lorsqu'on l'a fixée par le moyen de son tenon goupillé dans la mortaise *G* de la regle *Figure* 7. Lorsque cette vis est ainsi placée, on a l'attention de mettre la petite goupille *a* dans le trou de la vis qui y répond pour l'empêcher de ressortir de la piece *I* (*Fig.* 7.)

Ces

Ces pieces étant ainsi disposées, il est évident que, quand on fait tourner la vis d'un sens ou d'un autre, on fait avancer ou reculer la chape *Figures* 16 & 17, qui porte la poulie *Figure* 22.

Les *Figures* 19 & 20 sont le plan & le profil d'un petit coin de bois dur, qui sert, comme on l'a dit plus haut, à fixer la regle *Figure* 7 contre la convexité de la *Figure* 4.

La *Figure* 21 est un petit seau de cuivre mincè destiné à recevoir des grains de plomb pour charger plus ou moins la queue du levier *Figures* 11 & 12. Le fond de ce petit seau porte une petite vis *b* qui sert à le fixer dans le petit trou en écrou *b* de la queue du levier *Figure* 11.

La *Figure* 22 est le profil de la poulie qui entre dans la chape *Figures* 16 & 17. On y voit en *E*, les deux bouts de la corde qui y sont fixés, parce que cette poulie n'est pas destinée à porter une corde sans fin, mais seulement à tirer un des bouts de la corde en même temps qu'elle relâche l'autre, & à les tenir en même temps dans le parallélisme.

La *Figure* 23 est une petite clef qui s'applique au quarré *D* de la poulie *Figure* 22, pour la faire tourner d'un sens ou de l'autre.

Après que toutes les pieces qu'on vient de décrire sont montées, il n'est plus question que de suspendre entre les deux pointes des vis *M* de la *Figure* 9, le chassis destiné à porter le tracelet qu'on va décrire en détail.

La *Figure* 24 est un chassis de fer dont on voit le profil à la *Figure* 25, percé de 4 trous *A* destinés à recevoir les vis qui servent à attacher les coulisseaux *Figures* 29 & 30, de deux autres *B* pour les vis *b* qui doivent fixer la piece *Figures* 26, 27 & 28, & enfin de deux trous *C* destinés à recevoir les vis *D*.

La *Figure* 25 est le profil du chassis *Figure* 24.

Les *Figures* 26, 27 & 28 sont le plan, le profil & l'élévation d'une piece qui se joint au chassis *Figure* 24 en *BB*, par le moyen de deux vis *B, B* (*Fig.* 28). Cette piece est destinée à recevoir la grande vis *E* (*Fig.* 28) dont l'écrou qui se voit en *C* (*Fig.* 28) doit être formé en *C* & en *c* (*Fig.* 26), que l'on a mis exprès à une petite distance l'un de l'autre pour que la vis *E* aye moins de devers.

La *Figure* 29 est un des coulisseaux qui doit être fixé sur le chassis *Figure* 24 en *aa* par les vis *a, a* de la *Figure* 31 ; ce coulisseau est une petite regle de cuivre sur laquelle on a soudé deux pieces *E* dont on voit le profil *Figure* 32, à l'exception que dans celui-ci *Figure* 29, les pieds *b* n'y sont pas comme dans le suivant *Figure* 31 ; sur celui-ci, on voit en *EE* deux petits trous sur chacune des pieces *E* ; le premier qui est le plus près de la lettre *E* est destiné à recevoir une vis *C* (*Fig.* 31) faite pour contenir le petit ressort d'acier *Figure* 33, & le second pour recevoir une vis destinée à fixer la piece *Figure* 34. On y voit aussi un trou *F* destiné à recevoir une vis pour arrêter la piece *Figures* 40 & 41 , dont on parlera plus bas.

La *Figure* 30 est le second coulisseau destiné à être placé en *A A* (*Fig.* 24) ; il est semblable au précédent avec les différences, 1°, qu'en *E* , il n'a qu'un seul trou pour la vis du petit ressort, n'y ayant point de ce côté de piece *Figure* 34.

2° , Qu'il porte deux pieds *b* , comme on le verra dans le profil *Figures* 31 & 32.

3° , Que ses trous *a* & *a* sont oblongs, pour lui donner la facilité de couler sous les vis *a, a* du profil 31.

Les *Figures* 31 & 32 sont les profils du coulisseau *Figure* 30 ; on y voit en *a* les vis destinées à l'arrêter en *A* sur le chassis *Figure* 24, en passant à travers les trous *A* & *A* de la *Figure* 30, qui sont oblongs, comme on l'a remarqué plus haut, afin qu'il puisse céder au mouvement dont nous allons parler.

On voit en *b* deux pieds qui en descendant dans l'épaisseur du chassis *Figure* 24 , se trouvent répondre aux bouts des vis *D* & *D* de ce chassis , au moyen de quoi , quand on fait tourner ces vis , on peut faire rapprocher ce coulisseau de celui de la *Figure* 29 , qui est fixé à demeure sur le chassis , & par-là on peut ôter à la coulisse *Figure* 35 , le jeu qu'elle pourroit avoir pris.

La *Figure* 33 est un petit ressort d'acier très-mince, que l'on place sous les vis *c* (*Fig.* 31 & 32) sur les languettes de la coulisse *Figure* 35 , pour en rendre le mouvement plus doux, & lui ôter le balotage qu'elle pourroit prendre.

La *Figure* 34 est un index qui porte à ses deux extrémités , deux mortaises alongées, dans lesquelles passent deux petites vis *e* , *e* qui se placent en *e* & *e* (*Fig.* 29) & qui donnent la liberté de pousser cet index d'un côté ou de l'autre, & de le fixer où il est convenable ; l'usage de cet index sera marqué plus bas.

La *Figure* 35 est une coulisse ou regle qui porte deux languettes qui entrent dans les rainures *d* des deux coulisseaux *Figures* 31 & 32 entre lesquels elle peut se mouvoir ; on place deux petits ressorts , tels que celui de la *Figure* 33 , sur les parties supérieures de ses languettes, contre lesquelles ils peuvent être pressés par les petites vis *c* des *Figures* 31 & 32 ; comme on l'a dit plus haut.

Cette coulisse porte à une de ses extrémités *A* , une piece élevée sur elle en équerre, dont on voit l'élévation dans la *Figure* 37 , dans laquelle il y a une ouverture destinée à laisser passer la piece *Figure* 42 , dont on parlera plus bas.

En *B* , on voit un trou en écrou destiné à recevoir une vis pour fixer la même piece *Figure* 42.

En *C* est un crochet qui sert à fixer le bout d'une corde dont on parlera plus bas.

A son autre extrémité *D*, elle porte une pièce de cuivre épaisse, dans laquelle se trouve une espece de douille quarrée, destinée à recevoir les tracelets, poinçons & autres outils que l'on veut employer à marquer les divisions; il y a deux petites vis *E*, *E* pour assujettir les outils que l'on fait entrer dans cette douille, à la hauteur convenable.

La *Figure* 36 est le profil de cette même regle ou coulisse.

La *Figure* 37 est, comme on l'a dit, l'élévation en face de la pièce fixée en *A* sur un bout de la regle *Figure* 35.

La *Figure* 38 est la même regle 35 vue en élévation & en face du côté *D*.

La *Figure* 39 représente un tracelet d'acier, vu sur ses deux faces, & un poinçon aussi d'acier.

La *Figure* 40 & la *Figure* 41 sont le profil & la face d'une chape qui porte une petite poulie. Cette chape s'attache par le moyen des deux vis *f*, *f* dans les deux trous *F*, *F* des *Figures* 29 & 30.

La *Figure* 42 dont on voit le profil *Figure* 43, est une pièce que l'on fait passer à travers l'ouverture *A* du profil *Figure* 37, marquée aussi *A* dans le plan de la *Figure* 35. Cette pièce *Figure* 42, s'arrête en *B* sur la pièce *Figure* 35, par le moyen d'une vis à tête noyée, & de deux petits pieds *C* (*Fig.* 43) qui se logent dans les petits trous *C*, *C* (*Fig.* 35).

Cette pièce porte en *A* un écrou dont on voit le profil *Figure* 44, dans lequel passe la vis *Figure* 45.

Elle porte encore en *D*, une vis dont le collet est lisse pour recevoir la boucle d'une corde dont on va parler.

Tout étant ainsi monté, on attache une corde à boyau au crochet marqué *C* (*Figure* 47 ;) on la fait passer par-dessus la poulie *D*, & l'on en fixe l'autre bout dans un petit trou fait en *E* dans la rainure de la poulie *E*.

On prend ensuite un autre bout de la même corde, on l'attache à la vis *F*, & on fixe son autre extrémité en *E* dans un second trou fait dans la rainure de la même poulie, ainsi que le précédent.

La *Figure* 46 & la *Figure* 47 sont le plan & le profil de la machine à tracer toute montée.

Il est aisé de sentir que si l'on fait mouvoir la petite clef *G* de droite à gauche, la coulisse *H F* qui porte le tracelet, obéira à ce mouvement en se rapprochant de la poulie *E*, & qu'elle obéira également au mouvement contraire lorsqu'on l'exécutera, puisque la corde *C D E* tirera le crochet *C*, & par conséquent la coulisse auquel il est fixé vers le côté *H* ; d'où il s'ensuit que si l'on fixe le tracelet *Figure* 39 dans la douille *D* de la coulisse *Figure* 35 par le moyen des deux vis *E*, *E* de la même *Figure*, & que l'on arrête sous ce tracelet la pièce sur laquelle on veut tracer des divisions, cet outil tracera sur la pièce une ligne que l'on rendra plus ou moins longue, & plus ou moins profonde par les moyens que l'on va décrire.

En effet il est facile d'appercevoir que la vis *I* (*Figure* 47, qui peut s'acourcir ou s'alonger, mais dont l'écrou *L* est fixé au chassis qui porte la coulisse, arrêtera cette coulisse au point que l'on jugera convenable, lorsque son mouvement se fera vers *E*, & que la vis *K* dont l'écrou *M* est fixé sur la coulisse, l'arrêtera de même en s'appuyant contre la piece *L* qui tient au chassis immobile, lorsque son mouvement se fera vers *H*.

D'où il est aisé de conclure que, par le moyen de ces deux vis, on peut fixer le chemin que l'on veut faire faire à la coulisse & régler par-là les diverses longueurs que l'on veut donner aux lignes qui doivent former les différentes divisions.

Pour pouvoir faire ces différentes lignes des diverses longueurs dont on les a déterminées, on se sert de la petite piece *N* (*Fig.* 46) qui est plus développée dans la *Figure* 34 ; comme cette piece est attachée sur un des coulisseaux qui restent immobiles, si l'on trace sur cette piece quelques lignes qui soient entre elles à des distances égales aux différentes longueurs des lignes que l'on veut former pour marquer les différentes especes de division, & que l'on marque ensuite sur la coulisse une seule ligne qui par son mouvement répondra alternativement à chacune des autres, on pourra, par le moyen des vis *I* & *K*, déterminer la course de la coulisse, de façon qu'elle ne puisse excéder la distance d'une de ces lignes à une autre, & par conséquent le tracelet à ne tracer que la longueur qu'on aura determiné. Un exemple fera encore mieux sentir cet usage.

Si l'on veut, par exemple, diviser un cercle en degrés comme on en voit une portion *Figure* 58, & que l'on veuille distinguer les lignes *a*, *b*, *c*, *d*, qui marquent les degrés simples, les cinq degrés & les dix degrés, on voit tout d'un coup qu'il faut plus de course au tracelet pour les cinq degrés que pour les degrés simples, & plus pour les dix que pour les cinq.

Alors en traçant sur la petite piece *Figure* 34 qui est la même que *N*, (*Fig.* 46) 1°, une ligne *a*, qui bornera l'extrêmité de toutes les autres ; 2°, une autre ligne qui soit à la distance *a b* de la premiere ; 3°, une troisieme à la distance *a c*, & enfin une quatrieme à la distance *a d* ; & que par le moyen des vis *I* & *K*, on ne laisse au tracelet, pour les degrés simples, que la course *a b* ; pour les cinq, la course *a c*, &c. on sera sûr que toutes les lignes de chaque espece seront de même longueur.

Lorsque l'on aura ainsi réglé la longueur des lignes, si l'on veut rendre les divisions plus ou moins profondes, on peut se servir de l'une des deux méthodes suivantes.

La premiere est de mettre dans le petit seau *O* (*Fig.* 47) une plus ou moins grande quantité de grains de plomb. Comme ce petit seau

est

eſt porté par la queue du levier OPQ dont le point d'appui eſt en P ; il eſt aiſé de voir que plus il ſera chargé, & plus il fera effort contre la queue du chaſſis qui porte le tracelet, qui étant lui-même en baſcule ſur le point d'appui R, fera enfoncer davantage le tracelet à meſure que le petit levier OPQ fera plus d'effort ſur ſa queue.

La ſeconde méthode eſt de repaſſer pluſieurs fois le tracelet ſur chacune des diviſions ; l'extrême juſteſſe de la Machine permet d'employer cette méthode ſans crainte de faire des lignes doubles, ainſi que l'expérience répétée bien des fois l'a prouvé.

Je préférerois même cette méthode à la premiere, parce qu'elle eſt moins ſujette à inconvéniens ; car ſi, en ſe ſervant de la premiere, on chargeoit trop le petit ſeau, il pourroit arriver que le tracelet entrant trop profondément dans le cuivre, pourroit, s'il rencontroit quelque grain dur, comme cela arrive quelquefois, ou s'égrener ou faire quelque ſaut qui rendroit la diviſion moins propre ; d'ailleurs il eſt très-avantageux, pour l'égalité de la diviſion, de n'avoir pas beſoin d'affuter le tracelet pendant tout le cours de cette même diviſion ; & c'eſt un des plus grands avantages de la Machine que l'on vient de décrire, l'expérience ayant appris que l'on a fait des diviſions de 2880 parties, telles qu'un pied diviſé en 20ᵉ de ligne ſans avoir eu beſoin de toucher au tracelet, au lieu que les plus adroits Diviſeurs d'inſtruments conviennent qu'ils ſont obligés dans des diviſions d'un beaucoup plus petit nombre, d'affuter pluſieurs fois leurs outils, ce qui rend néceſſairement leurs diviſions moins égales & moins parfaites.

L'outil (que l'on vient de décrire depuis l'explication de la *Figure* 7 incluſivement) étant ainſi monté, ſe place ſur la planche de bois décrite dans les ſix premieres *Figures* ; on le fixe ſur cette planche par le moyen du petit coin de bois *Figures* 19 & 20, ainſi qu'on l'a détaillé dans l'explication de la *Figure* 8.

Il eſt facile de voir qu'on peut l'arrêter dans la poſition que l'on juge convenable, & lui faire faire, avec le côté AC de la planche *Figure* 1, tel angle que l'on voudra, & qu'on pourra le fixer par-tout où on le jugera convenable, puiſqu'étant retenu ſous le biſeau du limbe K de la *Figure* 3 d'un côté, & le talon K de la *Figure* 8 ſe trouvant toujours à même diſtance de la canelure O du limbe *Figure* 4 qui eſt concentrique au limbe K de la *Figure* 3, en plaçant le coin de bois *Figures* 19 & 20 entre cette canelure O & le talon K dont on vient de parler, on fixe l'outil d'une façon inébranlable.

Quand il ſera queſtion de la planche ainſi garnie de l'outil, pour abréger & pour plus de clarté, nous l'appellerons l'*Inſtrument à tracer*.

Cet inſtrument à tracer peut s'appliquer à deux établis différents, l'un propre à diviſer le cercle, & l'autre à diviſer la ligne droite, qu'on va décrire l'un après l'autre, après que l'on aura fait quelques réflexions générales.

Si l'on suppose une plate-forme divisée avec la plus grande précision (on donnera par la suite le moyen de la diviser ainsi) ; si sur cette plate-forme, dis-je, mobile sur son centre, on fixe le cercle que l'on veut diviser de façon, 1°, qu'il soit bien centré, c'est-à-dire, bien concentrique avec elle : 2°, qu'il soit assez bien arrêté pour qu'il ne puisse se mouvoir qu'avec elle : 3°, que le tout soit disposé de maniere que le cercle à diviser présente tous les points de sa circonférence sous le tracelet de l'*Instrument à tracer* que l'on aura fixé d'une façon inébranlable: 4°, que l'on puisse faire tourner la plate-forme & l'arrêter à chacune de ses divisions, l'une après l'autre, vis-à-vis d'un index très-délié & inébranlable aussi ; il est certain que si l'on tire un trait avec le tracelet sur le cercle à diviser, chaque fois qu'une des divisions de la plate-forme sera arrêtée, vis-à-vis de l'index, les divisions de ce cercle seront parfaitement conformes à celles de la plate-forme.

On peut dire les mêmes choses de la ligne droite, en supposant, au lieu de la plate-forme, une regle bien divisée qui se meuve parfaitement parallélement à elle-même, & portant la regle à diviser, la présente toujours sous le tracelet avec les mêmes conditions dont on vient de parler pour le cercle.

Il est facile de varier les moyens d'exécuter ces deux suppositions & de donner aux machines que l'on fera pour cela telles dimensions que l'on voudra : nous nous contenterons de donner ici celles qui ont été construites & dont le succès a été justifié par l'expérience. Elles peuvent être susceptibles d'être perfectionnées, ou peut-être même remplacées par de meilleures; mais elles serviront toujours à mettre sur la voie ceux qui voudront s'appliquer à ce genre de travail.

Nous avons préféré de commencer par donner la description des machines avant d'expliquer la méthode que nous avons employée pour construire la plate-forme & la regle que nous avons seulement supposées divisées avec la plus grande précision, parce que la connoissance de ces machines donnera beaucoup de facilité & de clarté à l'explication que nous donnerons ensuite de la méthode même.

Etabli pour diviser le Cercle.

Les *Figures* 48, 49, 50 & 51, sont le plan, & différentes coupes d'une piece de bois qui est proprement l'établi sur lequel doivent être montées toutes les pieces qui suivront.

La *Figure* 48 est le plan de cette piece ; on y voit en *b* un trou destiné à recevoir une vis faite pour placer le microscope dont on donnera à part la description.

G V H X est un incrustement fait pour recevoir différentes pieces qui seront décrites plus bas.

P Q R S eſt une eſpece de pied d'eſcabeau deſtiné à recevoir *l'Inſtrument à tracer*, qui s'y fixe par le moyen des quatre vis *A* de la *Figure* 2, qui en traverſant les mortaiſes *E E* de la *Figure* 1, entre dans les trous *t, t, t, t* de cette *Figure*-ci. *G* eſt un pivot de cuivre qui ſera décrit *Figure* 51.

La *Figure* 49 eſt la coupe de la *Figure* précédente priſe ſur la ligne *C D*, dans laquelle on voit en *M* un écrou de cuivre encaſtré dans le bois, fait pour recevoir la vis *L* qui eſt deſtinée pour arrêter le microſcope; en *N*, la coupe de la rainure & du trou *N* qui eſt conique, pour donner la facilité de tourner une vis dont la tête ſe loge dans cet eſpace, comme on le dira plus bas. En *P Q*, l'élévation en coupe du pied deſtiné à recevoir *l'Inſtrument à tracer*. Enfin en *K*, l'une de deux brides de fer qui, par le moyen des vis en bois *I, I* qui entrent dans les trous *i, i, i, i* de la *Figure* 48, ſervent à contenir la piece de fer *Figure* 53 dont on parlera plus bas.

La *Figure* 50 eſt la coupe de la *Figure* 48 faite ſur la ligne *X V*. En regardant du côté marqué *D*, on y voit en *X* une vis qui entre dans l'écrou *Y* qui ſert à appuyer ſur le talon *O* de la piece de fer *Figure* 53, & à l'affermir dans la rainure; en *N*, le trou conique dont on a parlé dans la *Figure* précédente; & en *G*, le bout d'un pivot de cuivre dont on va parler.

La *Figure* 51 eſt la coupe d'une partie de la *Figure* 48 priſe ſur la ligne *G H*: on y voit le pivot de cuivre *G Z* & dont l'embâſe *Z* porte ſur le bois, pendant que l'écrou & qui ſe place par-deſſous, l'affermit dans la poſition verticale; ce pivot eſt determiné par en-haut en vis, & eſt deſtiné à recevoir un écrou qui empêche la plaque *Figure* 60 du Micrometre qui doit tourner ſur ce pivot, de reſſortir quand on l'y a fait entrer.

La *Figure* 52 eſt le plan d'une piece de fer dont on voit l'élévation en perſpective *Figure* 53 (qui avoit été originairement faite pour une machine à refendre les roues d'horlogerie). On y voit en *A & B* deux montants terminés par deux tenons, dont le bout eſt en vis pour paſſer dans les mortaiſes *A & B* de la traverſe *Figure* 54, & y eſt fixé par l'écrou à pans *a* (*Fig.* 53). On voit auſſi dans ces deux *Figures* le trou en écrou *C*, deſtiné à recevoir la vis *E* qui porte le contre-écrou *D*. Cette vis terminée en pointe & qu'on peut affermir par ce contre-écrou, eſt deſtinée à ſoutenir & à laiſſer tourner librement le pivot de la plate-forme dont on parlera dans un moment; c'eſt pour laiſſer la place de cette vis & de ſon contre-écrou qu'eſt fait le trou conique *N* des *Figures* 48, 49 & 50.

On voit encore en *O* (*Fig.* 53) un talon qui ſert à affermir cette piece dans la rainure *V X* de la *Figure* 48. Pour cet effet, quand on a placé cette piece dans la rainure, on fait entrer la vis *X* (*Figure* 50) dans ſon écrou, & on la tourne juſqu'à ce qu'elle appuie fortement ſur ce talon; après quoi, pour achever d'affermir cette piece, on met deſſus les deux brides *K*, que l'on arrête fortement par les vis *I, I*, &c. (*Figure* 49) dans les trous *i, i, i, i* de la *Figure* 48.

Il est bon d'observer que l'on ne peut employer de bois trop sec pour faire la piece *Figure* 48 , & même qu'il faut tenir l'incrustement *V X* un peu plus long que la piece de fer , en lui donnant du jeu à chaque bout , sans quoi le bois , en se resserrant contre le fer , peut faire éclater la partie *V* , & peut-être même la partie *X* ; comme cela est arrivé à deux différentes pieces de bois qui avoient cependant été choisies avec soin.

Les *Figures* 54 & 55 sont le plan & le profil de la traverse de fer qui termine le chassis dont on vient de parler : on y voit le trou *C* , que l'on doit concevoir un peu conique & évasé en-dessous pour recevoir le pivot de la piece suivante , sans le laisser passer au travers.

La *Figure* 56 est la vue en perspective de la plate-forme dont on voit le plan *Figure* 57. Cette plate-forme est enarbrée sur un pivot de fer qui déborde en-dessous de quelques lignes , & est percé aussi en-dessous d'un petit trou fait pour s'appuyer & tourner librement sur la pointe de la vis *E* (*Fig.* 53); dans sa partie supérieure, il se termine en cône tronqué pour pouvoir entrer dans le trou conique *C* de la *Figure* 54 , sans pouvoir le traverser : il est aisé de sentir que, par le moyen de la vis *E* de la *Figure* 53 dont on vient de parler , on peut faire entrer ce pivot dans le trou conique *C* , afin de lui ôter toute espece de jeu, en lui laissant cependant la faculté de tourner avec la plate-forme à laquelle il est fixé. Ce pivot , par le moyen d'un trou quarré percé dans son centre , forme une espece de douille destinée à recevoir des arbres tels que *A* , sur lesquels on monte les cercles à diviser, ainsi que l'on en use pour les roues d'horlogerie qu'on veut refendre. Quand on a placé un de ces arbres dans la douille, on l'y arrête par la vis de pression *B* ; on y voit en *c c c* un limbe qui est relevé en relief , & qui est destiné à recevoir les divisions.

La *Figure* 57 est le plan de la même plate-forme sur laquelle on apperçoit la place des divisions dont on va parler. Cette plate-forme est taillée en vis sur le champ , par la vis sans fin du Micrometre qui sera décrit un peu plus bas.

La *Figure* 58 est une portion de la plate-forme représentée en grand pour y voir la place des divisions. La division *a d* est celle d'un cercle en degrés ; la longueur des lignes *a b* marque les degrés simples : la longueur *a c* , les degrés de cinq en cinq ; & la longueur *a d* , de dix en dix.

La division *e* est en transversales dont les intersections marquent les minutes : nous en parlerons ailleurs plus en détail.

La division *f* est aussi en transversales dont les intersections marquent les décimales de la division suivante ; la division *g h* marque une division en cent parties avec les demi-parties , les parties de cinq en cinq & de dix en dix.

Enfin la division *h i* ne marque que de dix en dix les tours de la vis sans fin du Micrometre dont on va parler.

La

La *Figure* 59 eſt le Micromètre tout monté lorſqu'on a raſſemblé toutes les pieces ſuivantes.

La *Figure* 60 dont on voit le profil *Figure* 61, eſt une piece de cuivre ſur laquelle on a ſoudé un morceau auſſi de cuivre qui lui eſt perpendiculaire, dans lequel on a fait un trou conique déſigné *A* (*Fig.* 60) par des lignes ponctuées ; on voit en *B*, même *Figure* 60, un trou rond & liſſe deſtiné à recevoir le pivot *G Z &* de la *Figure* 51, ſur lequel cette piece doit tourner ; quand cette piece eſt placée ſur ce pivot, pour l'empêcher de reſſortir, on paſſe dans le bout du pivot la rondelle percée d'un trou quarré, & on y met l'écrou qui eſt marqué à la *Figure* 62.

La même piece *Figure* 60 eſt percée de deux petits trous *c* & *c* deſtinés à laiſſer paſſer les vis *C* qui ſont faites pour arrêter en *c c*, ſur la piece *Figure* 60, la piece *Figure* 63 dont on voit le profil *Figure* 64 ; enfin on y voit le petit trou *d* deſtiné à recevoir la vis *D* de la *Figure* 65.

La *Figure* 61 eſt le profil de la piece précédente, dans lequel on voit le trou *e* deſtiné à recevoir la vis *E* de la *Figure* 67 ; on y voit auſſi une échancrure *F* faite pour laiſſer la place de la *Figure* 53, par-deſſus laquelle celle-ci doit ſe placer dans l'incruſtement *G H* de la *Figure* 48. Il faut obſerver que cette échancrure doit être plus grande que la largeur de la piece 53, parce que ſi elle étoit ſeulement égale, elle empêcheroit le petit mouvement circulaire que la piece *Figure* 60 doit avoir ſur le pivot *G Z &*.

La *Figure* 62 repréſente la rondelle & l'écrou qui doivent ſe placer ſur le pivot *G Z &* de la *Figure* 51, comme nous l'avons dit plus haut.

La *Figure* 63, dont on voit le plan *Figure* 64, eſt une piece qu'on aſſujettit par le moyen des vis *C* ſur la piece *Figure* 60, dans les trois trous *c, c* ; cette piece eſt percée d'un trou déſigné par des lignes ponctuées, pour laiſſer paſſer la vis *Figure* 73, qu'elle ne doit que ſoutenir.

La *Figure* 65 eſt une piece de cuivre qui ſe fixe en *d* (*Fig.* 60) par le moyen de la vis *D*. Cette piece porte deux petits morceaux de cuivre qui y ſont ſoudés & dans leſquels on a pratiqué deux cannelures demi-circulaires, pour recevoir & appuyer la vis ſans fin *Figure* 73, dont les pas ſe trouvent placés entre ces deux morceaux.

La *Figure* 66 eſt le plan de la même piece, dans lequel on voit le trou *d*, deſtiné à laiſſer paſſer la vis *D* de la *Figure* précédente.

La *Figure* 67 eſt le plan d'une piece dont on voit la face *Figure* 68, & le profil *Figure* 69. On voit dans ce plan les vis *E, E* deſtinées à la fixer en *e* (*Fig.* 61). Deux vis *G, G* deſtinées auſſi à la fixer dans la piece *A* de la *Figure* 61, & un petit pied *H* qui doit entrer dans un trou du cadran *Figure* 75, dont on parlera plus bas.

La *Figure* 68 eſt la face de la *Figure* précédente, dans laquelle on voit un grand trou rond *A* pour recevoir le bout *A* de la vis *Figure* 73 ; deux petits trous *b, b*

deftinés à recevoir les vis qui doivent affujettir le cadran *Figure* 75 ; deux autres trous *c c* qui doivent recevoir les vis qu'on voit en *G G* (*Figure* 67) ; &
enfin un petit pied *d* , qui doit entrer dans le trou *d* du cadran *Figure* 75.

La *Figure* 69 eft le profil de la même piece qui doit être fuffifamment entendu par ce qui vient d'être dit.

La *Figure* 70 eft le profil d'une piece dont la face fe voit *Figure* 71 & le
plan *Figure* 72. Cette piece s'affujettit au bout de la piece *Figure* 61 par le
moyen de deux vis *A*, *A* qui entrent en *a a* dans la piece *Figure* 61 dont nous
venons de parler. Au-deffus de cette vis , elle a une échancrure *B* pour laiffer
paffer le bord de la plate-forme, & enfin en-deffus, elle porte une petite chape
percée d'une goupille pour recevoir le bout de la tringle *Figure* 79 , dont on
expliquera plus bas l'ufage.

La *Figure* 71 eft la face de la même piece dans laquelle on voit en *c* le
trou qui doit recevoir la goupille ; en *B* , une échancrure qui fert à laiffer
paffer le bord de la plate-forme ; & en *a a* , les trous des vis *A* qui fervent à
fixer cette piece en *a a* , fur la *Figure* 61.

La *Figure* 72 eft le plan de la même piece.

La *Figure* 73 eft un arbre qui porte en *C* une vis fans fin ; le bout *A* de
cet arbre eft terminé par un quarré fait pour recevoir la manivelle *Figure* 77.
Il a enfuite un renflement qui fe termine en *B* , deftiné à entrer dans le trou
conique marqué en lignes ponctuées en *A* (*Fig.* 60) ; le bout *D* eft
terminé en une pointe qui doit entrer dans un petit trou fait au bout de la
vis de la *Figure* 74.

La *Figure* 74 eft une vis qui porte un contre-écrou *E* , & qui après être
entrée en fe viffant dans le trou *B* de la *Figure* 70 , reçoit dans le trou qui eft
au bout la pointe *D* de la vis fans fin *Figure* 73 , & la contient de façon
que , fans l'empêcher de tourner fur elle-même , elle ne lui permet aucun jeu
en avant ni en arriere ; fon contre-écrou fert à la fixer elle-même au point convenable.

La *Figure* 75 eft un cadran qui porte un limbe relevé en épaiffeur fur le
fond du cadran deftiné à recevoir la divifion ; il eft percé en *B B* de deux
trous fraifés faits pour recevoir les têtes de deux vis qui le fixent en *b b* fur
la piece *Figure* 68. Il l'eft encore en *g g* de deux trous faits pour laiffer paffer les vis qui attachent cette piece *Figure* 68 fur la piece *A* de la *Figure* 61.
Enfin il porte un petit trou *d* pour recevoir le petit pied *d* de la *Figure* 68.
On voit en *D* une alidade dont l'épaiffeur eft la même que celle du limbe
du cadran, & qui fe termine en portion de cercle pour recevoir une divifion
de Vernier correfpondante à la divifion qu'on tracera fur le limbe. Cette alidade fe place au bout de l'arbre *Figure* 73 , après qu'il a traverfé le cadran, &
s'y fixe par le moyen de la petite vis *a* de la *Figure* fuivante.

La *Figure* 76 eft le profil de l'alidade dont on vient de parler.

La *Figure* 77 eſt la manivelle que l'on met au bout de l'arbre *Figure* 73.

Il eſt bon d'obſerver que, quand on veut monter l'arbre *Figure* 73, il faut avoir attention, 1°, à le faire paſſer par le bout *D* à travers le trou de la piece *Figure* 63 qu'il ne faut arrêter par le moyen de ſes vis *c*, que quand tout le reſte eſt monté: 2°, qu'il en faut uſer de même pour la piece *Figure* 65 : 3°, qu'il faut le faire paſſer auſſi, mais par le bout *A* à travers la piece *A* des *Figures* 60 & 61 ; & enfin qu'il ne faut attacher la piece *Figure* 70 qui doit recevoir le bout de cet arbre, que quand il eſt placé : en ſuivant cet ordre, on n'éprouve aucune difficulté.

Après avoir conçu ainſi ſéparément la forme & l'uſage de chacune des pieces que l'on vient de décrire ; la *Figure* 59 qui les repréſente toutes raſſemblées, achevera de donner une idée complette de ce Micrometre.

Lorſque ce Micrometre eſt ainſi monté, on le place dans l'incruſtement *G H* de la *Figure* 48 qui eſt aſſez large pour lui laiſſer la liberté d'un petit mouvement circulaire autour du pivot *G Z &*, qui a été décrit dans l'explication de la *Figure* 51 ; ce mouvement circulaire eſt deſtiné à faire approcher ou éloigner la vis ſans fin *e* (*Fig.* 73) du bord de la plate-forme, lorſqu'on le fait approcher & qu'on l'appuie contre avec une force ſuffiſante ; en faiſant tourner l'arbre du Micrometre par le moyen de ſa manivelle, il grave lui-même ſon pas ſur la tranche de la plate-forme qu'il fait tourner par ce moyen ; on continue ce mouvement juſqu'à ce que toute cette tranche aye le pas de la vis bien formé ; & quand il eſt dans cet état, il ne ſert plus qu'à faire tourner la plate-forme d'un mouvement fort lent ; quand au contraire on éloigne le Micrometre de la plate-forme aſſez pour que la vis ſans fin n'engrene plus, on peut tourner la plate-forme auſſi vîte qu'on le veut.

L'expérience ayant appris que ſi la preſſion de la vis ſans fin contre la plate-forme n'eſt pas continuellement égale, les pas qui ſe forment ſur ſa tranche ſont inégaux : on s'eſt ſervi, pour rendre cette preſſion égale, du moyen que l'on va décrire.

La *Figure* 78 eſt une eſpece de mouvement de ſonnette compoſé de deux pieces. L'une *A B*, eſt une eſpece de petite chape percée en *A* d'une goupille ſur laquelle peut rouler la ſeconde piece qui eſt une équerre *D A E* qui porte auſſi en *D* une petite chape dans laquelle on fait entrer un des bouts de la *Figure* 79 qu'on y arrête par le moyen d'une goupille. L'autre côté de l'équerre marqué *E*, eſt deſtiné à ſoutenir un poids que l'on varie à volonté. La petite chape *A B* ſe fixe par le moyen de deux vis en bois *c c* ſur la tranche de l'établi *Figure* 48 à l'endroit marqué *c*, de façon que le trou *D* de la petite chape de l'équerre ſoit à la même hauteur que celui de la petite chape marqué *D* dans la *Figure* 59, & qui eſt auſſi décrit dans la *Figure* 70.

La *Figure* 79 eſt une petite tringle de cuivre percée d'un petit trou à chaque bout ; on l'arrête par le moyen des goupilles, un bout dans la chape de la *Figure* 59, & l'autre dans celle de la *Figure* 78 que nous venons de décrire.

Il eſt aiſé de comprendre qu'en appliquant un poids ſur la branche *E* de l'équerre *Figure* 78, il entraîne la branche *D*, même *Figure*, par conſéquent la tringle & le Micrometre qui y tient par la chape *D* (*Figure* 59), & qui par ce moyen s'approche & s'appuie contre la tranche de la plate-forme ; & qu'en augmentant ou diminuant le poids, on rend la preſſion plus ou moins forte, mais que dans tous les cas elle perſiſte dans l'égalité ; puiſque le poids quel qu'il ſoit, lorſqu'il eſt livré à lui-même, ne peut la faire varier.

Tout étant ainſi diſpoſé, c'eſt-à-dire, le chaſſis qui porte la plate-forme, & le Micrometre placés & arrêtés ſur l'établi par les différents moyens que l'on vient de décrire : ſi l'on veut diviſer un cercle, voici les différentes opérations qu'il y a à faire.

1°, Il faut monter le cercle que l'on veut diviſer ſur un des arbres tels que *A* (*Figure* 56), & l'arrêter ſur cet arbre par le moyen du petit écrou *a*, de façon qu'il n'aye aucun jeu.

2°, Il faut faire entrer cet arbre dans la douille *B* même *Figure* 56, & l'y aſſujettir par le moyen de la vis de preſſion deſtinée à cet uſage.

3°, Il faut placer l'inſtrument à tracer ſur le pied *P Q R S* (*Fig.* 48) & le faire avancer ou reculer dans les rainures *E*, *E* de la *Figure* 1, juſqu'à ce que le tracelet réponde ſur le cercle à diviſer à l'endroit où l'on juge à propos de tracer les diviſions.

4°, Il faut, par le moyen des vis *I* & *K* de la *Figure* 47, & par la petite piece *N* de la *Figure* 46, régler les différentes courſes du tracelet, ainſi qu'on l'a marqué en détail dans les explications de ces *Figures*.

5°, Il faut placer le Microſcope (dont on donnera ailleurs la deſcription en détail) en *b* (*Fig.* 48), & l'y arrêter par le moyen de la vis *L* (*Fig.* 49), de façon que le cheveu ou fil placé au foyer de l'oculaire de ce Microſcope paroiſſe placé bien exactement ſur le premier point de la diviſion de la plate-forme que l'on a ſuppoſée faite avec la plus grande exactitude.

Alors ſi l'on fait marcher le tracelet par le moyen de la petite clef marquée *G* (*Fig.* 47), il tracera ſur le cercle à diviſer une ligne de la longueur que l'on aura déſignée pour le premier point de la diviſion.

Ce premier point étant marqué, il faut appuyer avec le doigt ſur la queue du chaſſis qui porte le tracelet, ſoit en *L* ſoit en *Q* (*Fig.* 47), afin de ſoulever le tracelet, de façon qu'il ne traîne point ſur le cercle à diviſer pendant le mouvement qu'on va lui donner.

Dans cet état, ſi en regardant dans le Microſcope, on fait tourner la plate-forme par le moyen de la vis ſans fin, en appliquant la main à la manivelle, on

pourra

pourra faire arriver le second point de la division sous le même fil du Microscope qui est demeuré immobile ; alors on laissera tomber doucement le tracelet qui tracera le second point , comme il aura fait le premier , en observant cependant d'avoir déterminé sa course suivant la longueur que l'on aura marquée sur la petite piece *N* pour les divisions simples.

En recommençant cette même opération autant de fois qu'il y a de divisions à tracer , on sera sûr qu'elles seront tracées avec la même exactitude sur le cercle à diviser , que sur la plate-forme même.

La *Figure* 80, qui représente en perspective cette machine toute montée & prête à travailler , achevera d'en faire concevoir plus clairement l'usage.

Établi pour diviser la Ligne droite.

La *Figure* 81 représente tout l'établi, qui est composé de trois pieces de bois. La premiere *A B C D* est une espece de table sur laquelle on a fixé les deux autres *E F* , *G H* de même longueur , mais beaucoup plus étroites, qui doivent être bien dressées & placées bien parallélement l'une à l'autre ; dans la table *A B C D* , on voit un grand incrustement quarré destiné à recevoir l'instrument à tracer que l'on y assujettit dans les trous *I* , *I* , &c, par le moyen des quatre vis *E* de la *Figure* 2.

La piece *E F* a une grande échancrure destinée à laisser approcher , le plus près qu'il est possible , l'instrument à tracer de la regle *Figure* 85 qui doit couler dans l'espace qui se trouve entre cette piece , & la piece *G H* que l'on peut regarder comme les deux joues de la coulisse. Ces deux pieces ou joues ont chacune deux rainures l'une au-dessus de l'autre , comme on le voit dans le profil *Figure* 83 ; les plus hautes de ces rainures , & qui forment l'ouverture la plus large , sont destinées à porter la regle *Figure* 85 , qui doit couler entre ces deux pieces ; les deux inférieures sont faites pour donner passage à deux cordes dont on parlera plus bas.

On voit dans la piece *G H* en *K* & en *L* , deux ressorts de cuivre bien écrouis destinés à assujettir la regle *Figure* 85 contre la piece *E F* , & à l'empêcher de s'en écarter pendant son mouvement.

Il y a en *M* un trou dans lequel on a incrusté un écrou en cuivre destiné à recevoir une vis qui est faite pour arrêter le pied d'un Microscope.

On voit en *O P Q R S* , les incrustements nécessaires pour recevoir une roue avec un Micrometre dont on donnera plus bas la description.

On y voit aussi deux petits trous *t* , *t* faits pour recevoir les vis destinées à assujettir le bâtis qui doit porter la roue & le Micrometre dont on vient de parler.

Enfin on voit en *V* une petite piece de cuivre qui porte deux poulies faites pour laisser rouler deux cordes dont on parlera plus bas.

La *Figure* 82 est la coupe de l'établi faite sur la ligne *X V*.

La *Figure* 83 est la face de l'établi vue du côté *V*, dans laquelle on voit l'épaisseur des trois pieces qui forment l'établi & la face de la piece *V* qui porte les deux poulies.

La *Figure* 84 est la coupe de l'établi sur la ligne *R Y*, dans laquelle on voit en *N Q* le profil de l'incrustement que l'on a fait en pente pour conserver plus de force au bois, que si on l'avoit fait perpendiculaire.

S'il reste quelque chose d'obscur dans ce qu'on vient de décrire, cela s'éclaircira à mesure qu'on expliquera les *Figures* des pieces qui doivent se monter sur cet établi.

La *Figure* 85 est une regle de cuivre épaisse qui porte en-dessous une regle de champ fondue d'un même jet avec elle, pour la rendre inflexible; cette regle de champ ne peut s'appercevoir dans cette *Figure*-ci, parce qu'elle ne présente que la face supérieure de la regle; mais on l'apperçoit aisément dans les trois *Figures* suivantes.

On voit dans celle-ci en *C D*, une regle que l'on suppose ici divisée aussi parfaitement qu'on a supposé précédemment, que l'étoit la plate-forme, & l'on donnera également par la suite les moyens de la diviser ainsi. Cette regle est assujettie sur la grande en *C* & en *D* par deux vis qui traversent deux trous oblongs faits dans cette regle, pour pouvoir la placer plus parfaitement dans le parallélisme du mouvement de la grande regle.

On y voit encore en *E F*, une crémaillere qui y est aussi fixée par des vis en *E* & en *F*, de façon que ses dents débordent la grande regle.

La *Figure* 86 est la même grande regle vue en-dessous; on y apperçoit la tranche de la regle de champ; on y voit de plus en *G* deux petits pitons qui reçoivent une corde à boyau qui traverse la regle de champ, & dont les deux bouts se voient en *g g*.

Tous les petits trous représentés sur ces deux *Figures* sont faits pour recevoir des vis qui assujettissent sur la grande regle les différentes pieces que l'on veut diviser, ou qui ont d'autres usages dont on parlera par la suite.

La *Figure* 87 est le profil de la même regle vue dans sa longueur.

La *Figure* 88 est encore un profil de la même regle, mais vue par le bout *B* de la *Figure* 85.

La *Figure* 89 est une portion grande comme nature de la regle qu'on voit en petit en *C D* (*Fig.* 85) pour y mieux distinguer les divisions.

La *Figure* 90 est aussi une portion grande comme nature de la crémaillere représentée en *E F* (*Fig.* 85).

La *Figure* 91 est une portion grossie par le Microscope de la division *A B* de la *Figure* 89 : on l'expliquera dans la suite plus en détail.

Il est facile de concevoir que cette regle *A B* (*Fig.* 85) étant posée sur

les deux rainures supérieures des deux joues *E F* & *G H* de la *Figure* 81,
aura la liberté de s'y mouvoir d'un bout à l'autre ; mais il convient d'obferver, 1°, que les deux refforts *K* & *L* de la *Figure* 81 appuyant fur le
côté *C D E F* de la regle *Figure* 85, l'obligeront à s'appuyer continuellement contre la joue *E F*, qu'il eft par conféquent très-important de dreffer
le plus parfaitement qu'il fera poffible.

2°, Que les rainures des deux joues *E F*, *G H* de la *Figure* 81 ne doivent avoir de profondeur que celle qui eft néceffaire, pour que l'épaiffeur
de la regle puiffe s'y loger ; encore même faut-il qu'elle foit un peu moindre pour que la crémaillere *E F* de la regle 85 qui doit la déborder, ne
traîne pas fur la joue *G H* (*Fig.* 81).

3°, Que les bouts *g*, *g* de la corde *g G g* qu'on voit dans le deffous de
cette regle repréfentée dans la *Figure* 86, paffent fur les deux poulies de la
piece *V* (*Fig.* 81). Un coup d'œil fur la *Figure* 109 qui repréfente en
perfpective la machine toute montée, achevera de faire fentir tout cela.

Il s'agit à préfent de faire connoître les moyens de donner à cette regle
les mouvements prompts ou lents, dont on peut avoir befoin, & de l'arrêter à chaque point que l'on jugera convenable ; c'eft ce qu'on va faire
par l'explication des pieces fuivantes.

Les *Figures* 92 & 93 font le plan & le profil d'un inftrument dont les
mouvements font à peu près femblables à ceux de la machine qui porte la
plate-forme que l'on a décrite plus haut avec les différences fuivantes : 1°,
que dans la premiere, la plate-forme porte fur fon champ un pas de vis
formé par la vis fans fin, au lieu que dans celle - ci, elle eft taillée dans
tout fon contour d'une denture proportionnée à celle de la crémaillere qui
a été décrite *Figures* 85, 86 & 90.

2°, Que le même arbre qui porte la plate-forme eft entiérement nud,
au lieu que dans celle-ci il porte une feconde roue qui a fur fon champ
un pas de vis tracé par la vis fans fin du Micrometre, comme la plate-
forme de la premiere ; le détail de chacune de ces pieces achevera d'en donner une idée nette.

La *Figure* 94 eft le plan de la traverfe inférieure d'un chaffis de cuivre dont on voit le profil *Figure* 95. On voit dans ce plan, 1°, en *T T*,
deux trous fraifés pour recevoir la tête de deux vis en bois deftinées à
affujettir le chaffis dans les deux trous *t*, *t* de l'établi *Figure* 81. 2°, En *A*,
un petit trou fait pour recevoir la pointe inférieure de l'arbre *Figure* 106.
3°. En *B*, un petit trou deftiné à fixer fur cette traverfe la piece *Figure*
96, comme on le dira plus bas. 4°, En *C*, deux écrous deftinés à fe monter
fur les vis qui terminent les montants *c*, *c*, qu'on diftingue mieux dans le
profil *Figure* 95, où ils font auffi marqués *c*, *c*.

La *Figure* 95 eft la traverfe fupérieure du même chaffis, dans laquelle on voit le trou *A* deſtiné à recevoir la vis *B* qui porte elle - même ſon contre-écrou *C*, & qui eſt percée au bout d'un petit trou dans lequel doit entrer la pointe ſupérieure de l'arbre *Figure* 106 ; ce qui ſe voit encore mieux dans le profil *Figure* 93.

On voit auſſi dans cette *Figure* 95, les deux trous quarrés longs, ou mortaiſes *D*, *D*, dans leſquels entrent les tenons des montants du chaſſis.

La *Figure* 96 eſt une piece dont on voit le profil *Figure* 97. Elle porte, 1°, en *A*, un pied terminé par une vis, comme on le voit mieux dans le profil. 2°, En *B*, un petit trou en écrou qui reçoit une vis dont la tête eſt logée dans un trou fraiſé fait en-deſſous de la piece *Figure* 94, & qu'on voit par-deſſus en *B*. Cette vis eſt deſtinée à unir cette piece 96 à la piece 94, de façon qu'elle lui ſoit perpendiculaire, ou en forme de croix ; & cette vis ſeule ſuffit au moyen de l'échancrure qu'on voit dans le profil *Figure* 97 qui embraſſe la piece 94.

3°, On voit encore en *C* un trou fait pour recevoir le pivot de la *Figure* 99, dont on parlera plus bas : on voit autour de ce trou un cercle ponctué qui exprime un incruſtement circulaire deſtiné à recevoir la rondelle *D* & l'écrou *E* qui doivent ſe placer ſur le bout du pivot dont on vient de parler.

La *Figure* 97 eſt le profil de la piece précédente dans lequel on voit, 1°, le pied *A* qui doit paſſer dans le trou oblong *A* de la *Figure* 98 ; 2°, l'échancrure *B* deſtinée à embraſſer la *Figure* 94 ; 3°, le profil en ligne ponctuée du trou *C*, deſtiné à laiſſer paſſer le pivot *D* de la *Figure* 99, & l'incruſtement fait en-deſſous de la piece pour recevoir la rondelle *D* & l'écrou *E* de la *Figure* 96.

On voit en *a* l'écrou qui ſe place ſur la vis du pied *A*, après qu'il a paſſé au travers du trou oblong *A* de la *Figure* 98.

La *Figure* 98 eſt le plan de la plaque inférieure du Micrometre deſtiné au même uſage que celui de la plate-forme dont on a parlé ci-devant, & dont on voit le profil *Figure* 99. Dans ce plan on voit, 1°, en *A*, un trou oblong deſtiné à laiſſer paſſer le pied *A* de la *Figure* 97 ; 2°, en *B*, une piece qui y eſt ſoudée, & qui eſt deſtinée à recevoir la vis *A* (*Fig.* 102). 3°, en *c c*, deux trous deſtinés à recevoir les vis *C*, *C* de la piece *Figure* 101.

La *Figure* 99 eſt le profil de la piece précédente dans lequel on voit l'élévation de la piece *B*, & de plus en *D*, le pied ou pivot deſtiné à entrer dans le trou *C* de la *Figure* 96, & à y être contenu par la rondelle *D* & par l'écrou *E* de la même *Figure*.

La *Figure* 100 eſt la face de la piece *B* des deux *Figures* précédentes, dans laquelle on voit le trou en écrou deſtiné à recevoir la vis *A* de la *Figure* 102.

La *Figure* 101 eſt une piece qui ſe monte par le moyen des vis *C*, *C* dans les trous *c*, *c* de la *Figure* 98 : elle eſt deſtinée à recevoir le bout *E* de l'arbre

Figure

Figure 102 jufqu'à fon épaulement, & à porter le cadran D dont on voit la face *Figure* 104.

La *Figure* 102 eft un arbre dont la pointe C doit entrer dans un petit trou fait au bout de la vis A, laquelle chargée de fon contre-écrou B, doit entrer elle-même dans la piece B des *Figures* 98, 99 & 100.

Cet arbre porte en D une vis fans fin ; & vers le bout F, il porte un épaulement E deftiné à s'appuyer contre la piece *Figure* 101, pendant que le refte de l'arbre la traverfe, & va fe terminer en F par un quarré deftiné à entrer dans la manivelle *Figure* 103.

La *Figure* 104 eft la face du cadran dont on voit la tranche en D (*Fig.* 101).

La *Figure* 105 eft l'alidade du cadran précédent qui font l'un & l'autre femblables au cadran & alidade décrits ci-devant *Figure* 75.

La *Figure* 106 eft un arbre $A A$ dont la pointe inférieure entre dans le trou A de la *Figure* 94, & la fupérieure dans un trou fait au bout de la vis B de la *Figure* 95 ; il porte une roue dentée BB affujettie par une rondelle & un écrou, & une feconde roue CC (qui dans cette *Figure* en eft féparée, mais qu'on voit dans fa place *Figure* 93) dont la tranche eft taillée en écrou par la vis fans fin D de la *Figure* 102.

La *Figure* 107 eft le plan de la roue dentée BB de la *Figure* 106.

La *Figure* 108 eft le plan de la roue cc de la même *Figure* 106.

Le Micrometre compofé de toutes les piéces qu'on vient de décrire étant monté, il eft facile de voir que la plaque *Figures* 98 & 99, étant mobile fur le pivot D de la *Figure* 99, qui entre dans le trou C de la piece immobile *Figure* 96, il peut avoir un petit mouvement circulaire par le moyen de fon trou oblong A qui lui permet de s'approcher ou de s'éloigner de la roue CC de la *Figure* 106, & par conféquent d'engrener le pas de la vis fans fin D (*Fig.* 102) dans celui qui eft tracé fur la tranche de cette roue CC. Il n'eft pas moins facile de voir que l'écrou a (*Fig.* 97) en preffant fur la plaque A *Fig.* 98) qui porte tout le Micrometre, ne puiffe le fixer dans le moment où il eft engrené, ou dans celui où il eft dégrené.

Alors fi l'on pofe toute cette machine dans l'incruftement $QRStt$ de l'établi *Figure* 81, qui eft fait pour le recevoir, & qu'on l'y fixe par le moyen de deux vis en bois qui entrent dans les trous T, T de la *Figure* 94, & dans les trous t, t de l'incruftement de la *Figure* 81, la roue dentée de cette machine fe trouvera engrenée dans les dents de la crémaillere qui eft portée par la regle *Figure* 86.

D'où il s'enfuit que fi l'on a fait engrener le Micrometre en tournant la manivelle E des *Figures* 92 & 93, la vis fans fin décrite *Figure* 102, fera tourner la roue C, & par conféquent la roue B de la *Figure* 93 ; & que celle-ci fera avancer ou reculer toute la regle *Figure* 86 d'un mouvement fort lent.

Si au contraire on tient le Micrometre dégrené, on pourra donner à la regle un mouvement aussi prompt qu'on voudra, quoiqu'elle ne cesse pas pour cela d'être engrenée avec la roue dentée, parce que le frottement des pivots de l'arbre sur lesquels cette roue tourne, doit être compté pour rien.

La seule inspection de la *Figure* 109, dans laquelle on voit en perspective l'établi chargé de l'instrument à tracer & de toutes les pieces qu'on vient de décrire, rendra tout ceci parfaitement sensible, & même suffira pour l'intelligence de l'opération, lorsque nous aurons expliqué le détail d'un pied fait pour recevoir le Microscope.

Les *Figures* 110 & 111 sont le profil & le plan de ce pied avec toutes les pieces qui le composent, dont on donnera le détail dans les *Figures* suivantes.

La *Figure* 112 est le plan de la piece principale de ce pied, & qui est destinée à recevoir toutes les autres. Cette piece consiste dans la plaque de cuivre dont cette Figure présente la forme, sur laquelle on a soudé en *A* la piece *A* qu'on voit dans l'élévation en face *Figure* 113, & en coupe dans la *Figure* 114. Cette même piece *A* est soutenue par deux étais *B*, qui y sont soudés, ainsi qu'à la plaque *Figure* 112, pour ne faire de toutes les quatre qu'une seule & même piece.

Il faut observer que les mortaises *C* de la *Figure* 113, dont on voit la coupe dans cette *Figure* 112, sont un peu en queue d'aronde pour une raison que nous expliquerons plus bas.

La *Figure* 113 est l'élévation en face de la piece dont on vient de parler; on y voit deux mortaises *C*, *C* séparées par une traverse *D* qui est réservée dans la même piece.

La *Figure* 114 est une coupe de la même piece; on y voit en *E* la coupe d'un trou fait pour laisser passer la vis de rappel *Figure* 118, dont on parlera plus bas; & dans la traverse *D*, la coupe d'un trou fait pour recevoir la pointe de la même vis.

La *Figure* 115 est le plan d'une piece dont on voit la face postérieure *Figure* 116, & la coupe *Figure* 117. Cette piece est une plaque de cuivre qui porte sur sa face antérieure deux collets *F*, *G* destinés à recevoir le Microscope; & sur sa face postérieure, deux tenons *H*, *I*, qu'on voit tous les deux dans les *Figures* 116 & 117, mais dont on ne voit que le premier *H* dans le plan *Figure* 115.

Ces deux tenons sont faits pour entrer dans les mortaises *C*, *C* de la *Figure* 113, & sont taillés en queue d'aronde pour se serrer de plus en plus, à mesure que les vis qui les y contiennent & dont nous parlerons plus bas, les y font entrer.

La *Figure* 116 qui est la face postérieure de cette piece, laisse voir le collet *F*, mais ne peut laisser paroître le petit collet *G* qui est moins large qu'elle.

La *Figure* 117 eft la coupe de la même piece. On y voit en *K* le trou formant écrou, qui reçoit la vis qui fert à ferrer ou relâcher le Microfcope quand il eft entré dans le collet *F*. Cela fe voit encore plus clairement dans le plan *Figure* 115. Le petit collet *C* n'a pas befoin de cet ajuftement, le petit bout du Microfcope y entre de juftefle, & le tout eft fuffifamment affermi par celui dont nous venons de parler. On apperçoit en *H*, dans cette même *Figure* 117, le tenon fupérieur qui porte une vis *k* pour recevoir un écrou à oreille *h*, qui eft figuré à côté; on l'a terminé ainfi par une vis, au lieu de le percer d'un trou comme le tenon *I* dans lequel entre la vis à oreille *i*, parce qu'il eft percé d'un autre trou deftiné à recevoir la vis de rappel *Figure* 118, dont nous parlerons tout à l'heure. Il eft aifé de fentir que, lorfqu'on a fait entrer les deux tenons de la piece, dont nous venons de parler, dans les mortaifes *C*, *C* de la *Figure* 113, on peut, par le moyen de l'écrou *h* & de la vis *i*, affermir la piece que nous venons de décrire, ou lui laiffer la liberté de glifler fur la piece 113, comme on le veut.

La *Figure* 118 eft une vis de rappel repréfentée comme étant déja paffée dans la piece *MM*, qu'elle ne peut traverfer à caufe d'un épaulement qu'elle porte en *L*. Cette vis étant ainfi adaptée dans la piece *MM*, entre liffe dans le trou *E* de la *Figure* 114, paffe enfuite dans l'écrou du tenon *H* de la *Figure* 117, & va delà s'appuyer fur la traverfe *D* de la *Figure* 114, dans laquelle il y a un petit trou fait pour recevoir la pointe qui la termine; lorfqu'elle eft ainfi paffée, on arrête la piece *MM*, par le moyen de deux vis fur le pied, comme on le voit en *M* (*Fig.* 110). La *Figure* 119 eft le profil de cette même piece *MM*.

Lorfque cette piece eft ainfi arrêtée, on place le bouton *O* fur le quarré *N* de la vis de rappel *Figure* 118; & pour l'empêcher de fortir, on met la petite vis *B* dans un trou formant écrou fait dans le bout de la vis.

Tout étant ainfi monté, il eft facile de voir que, fi l'on a pris la précaution de ne ferrer que peu l'écrou *h* & la vis *i* de la *Figure* 117, en tournant la vis *Figure* 118, on fera monter ou defcendre à volonté la piece *Figure* 117, qui porte le Microfcope, dans les collets *F* & *G* qui font faits pour le recevoir, & l'on pourra facilement par-là le placer à fon point.

Préfentement lorfqu'on veut placer le Microfcope monté fur ce pied, fur l'un des deux établis, on commence par le préfenter, en le retenant avec la main, pour voir à peu près la pofition qu'on veut lui donner; quand on l'a trouvée, on marque vers le milieu de l'ouverture qu'on voit dans le plan du pied *Figure* 112, un point pour y percer un trou de vrille deftiné à recevoir une vis en bois, telle que la *Figure* 120. Quand ce trou eft fait, on place le pied de la même façon dont on l'avoit préfenté; mais avant d'enfoncer la vis dans le bois, on la fait paffer à travers la rondelle

Figure 121 , & enfuite à travers la piece *Figure* 122 ; au moyen de cela , la vis ferrant ces deux pieces contre la plaque *Figure* 112 qui fert de bafe au pied , elle l'affermit d'une façon inébranlable.

On fent aifément, qu'avant de ferrer tout-à-fait cette vis, on a l'aifance de pouvoir faire un peu avancer, reculer ou marcher de côté le pied qui porte le Microfcope, pour le placer avec exactitude fur le point que l'on veut obferver , & qu'on ne le fixe entiérement que quand on l'a ainfi placé.

Tout ce qui vient d'être dit étant bien entendu , il fera facile de comprendre l'ufage de l'Inftrument , pour divifer le cercle ou la ligne droite.

Divifion du Cercle.

Sı l'on veut divifer le petit cercle de cuivre *A* (*Fig.* 80) il faut, 1°, le placer fur un arbre *A* qu'on voit féparément *Figure* 56 , & l'y arrêter par le moyen de fon petit écrou *a*.

2°, Il faut faire entrer cet arbre dans la douille *B* de la plate-forme même *Figure* 56, & l'arrêter par le moyen de la petite vis de preffion *B*.

3°, Il faut faire engrener la vis fans fin *D* du Micrometre décrit à part *Figure* 59 , dans la cannelure formant écrou tout autour de la plate-forme , ce qui s'exécute en abandonnant à lui-même le petit poids *E* (*Fig.* 78) qui tire tout le Micrometre, & par conféquent le fait appuyer contre la plate-forme.

4°, Il faut placer le Microfcope monté fur fon pied en *F*, de façon qu'après l'avoir mis à fon point , on apperçoive diftinctement le premier point de la divifion marquée fur la plate-forme que l'on fait correfpondre au fil fixe du Micrometre intérieur du Microfcope , ce qui s'exécute en faifant tourner la manivelle *G* de la vis fans fin du Micrometre qui s'engrene dans la plate-forme.

5°, Il faut faire avancer l'inftrument à tracer tout entier par le moyen des mortaifes *H*, *H*, & l'arrêter par les vis *I*, *I*, lorfque le tracelet fera au-deffus du cercle que l'on veut divifer.

6°, Il faut ajufter le tracelet, c'eft-à-dire, l'alonger ou le raccoucir dans la douille *H* (*Fig.* 47) dans laquelle il eft placé, de façon que lorfqu'il porte fur le cercle à divifer, le chaffis *R Q* (*Fig.* 47) qui fait bafcule , fe trouve dans une fituation parallele au plan de ce cercle. Il faut de plus avoir attention à tourner le tracelet de façon que, dans fon mouvement, il commence la ligne qu'il trace par fa pointe en allant vers fon talon, c'eft-à-dire de *A* vers *B* (*Fig.* 39) ; parce que s'il traçoit de l'autre fens, c'eft-à-dire, de *B* vers *A*, les divifions feroient beaucoup moins nettes.

7°, Il faut charger le petit feau *O* (*Fig.* 47) avec des grains de plomb, autant qu'on le juge à propos, pour donner plus ou moins de profondeur aux divifions.

8°,

8°, Il faut ajuster la petite piece *Figure* 34, qui sert à régler la course du tracelet, & dont l'usage est décrit en détail.

Tout étant ainsi préparé, si l'on abandonne la machine à elle-même, le tracelet s'appuiera sur le cercle à tracer par le moyen du poids du petit seau qui l'y force dans cette situation; si l'on fait agir la clef *G* (*Fig.* 47), le tracelet tirera une ligne sur le cercle à diviser, & formera le premier point de la division.

Alors en appuyant le doigt sur le bout *Q* du chassis à bascule *Q R* (*Fig.* 47), on empêchera que le tracelet ne continue à porter sur le cercle à diviser; & dans ce moment, en appliquant l'autre main à la clef *G*, même *Figure* 47, on raménera le tracelet dans le premier point d'où il étoit parti, & il sera prêt à recommencer son opération.

Pour tracer la seconde division, on applique l'œil au Microscope, & la main à la manivelle de la vis sans fin qui est appliquée à la plate-forme; en faisant tourner cette manivelle, on aménera le second point de la division de cette plate-forme sous le fil fixe du Micrometre du Microscope, & l'on tracera cette division comme la premiere, & ainsi de suite jusqu'à la fin.

Il est évident que le cercle à diviser étant bien fixé sur la plate-forme, & ne faisant, pour ainsi dire, qu'un tout avec elle, le tracelet ne peut manquer de répéter, avec la plus grande exactitude sur le cercle, les mêmes parties, ou pour mieux dire, des parties proportionnelles à celles de la plate-forme, telles qu'on les voit sous le Microscope, & par conséquent avec une exactitude infiniment au-dessus de celle qu'on pourroit avoir, si l'on n'avoit le secours de cet instrument.

De-là il résulte encore que si l'on construisoit par cette méthode une très-grande plate-forme, par exemple, de trois pieds & demi de rayon, comme on l'a proposé dans un Mémoire lu à l'Académie, un pareil instrument deviendroit une matrice universelle, non-seulement pour les grands instruments d'Astronomie, mais encore pour former les petites plates-formes dont plusieurs Artistes ont un besoin journalier, comme les Horlogers pour les machines à refendre, &c.

Il convient encore d'observer ici qu'en se servant du Micrometre qui est dans l'intérieur du Microscope, suivant la méthode indiquée dans le Mémoire dont on vient de parler, & qui sera imprimé dans les Mémoires de l'Académie pour 1765, on peut pousser la subdivision encore bien plus loin, & rendre sensibles sur la grande plate-forme jusqu'aux secondes de degré, ce qui porteroit la division du cercle jusqu'à 1, 296, 000 parties, nombre si considérable qu'il seroit facile d'en déduire avec la plus grande exactitude, tous les nombres rompus dont on auroit besoin.

Division de la Ligne Droite.

Lorsque l'on veut diviser une ligne droite telle qu'une regle (je suppo-
serai ici un pied-de-roi ; ce qui sera dit de celui-ci pourra s'appliquer à
toute autre mesure) ; il faut ,

1°, Placer l'instrument à tracer sur l'établi *Figure* 109 par le moyen des
mortaises & des vis , de la même façon qu'on l'a dit pour la division du
cercle.

2°, Appliquer en *A B* (*Fig.* 109) la regle matrice , que l'on suppose
toujours toute divisée , sur la grande regle *A E*, & l'arranger de façon
que , dans toute l'étendue de son mouvement, elle suive exactement le fil
transversal du Micrometre du Microscope sous lequel elle doit passer.

3°, Placer & arrêter la regle à diviser en *C D*, de façon que , quand par
le moyen de la roue dentée qui engrene dans la crémaillere, on aura amené
le premier point *A* de la regle matrice sous le Microscope , le premier point
C de la regle à diviser se trouve sous le tracelet de l'instrument à tracer.

Ensuite il faut faire pour l'instrument à tracer toutes les mêmes préparations qu'on a décrites pour la division du cercle , & opérer de même en
traçant les divisions sur la regle à diviser , à mesure que celles de la regle
matrice passeront sous le Microscope.

On voit également dans cette opération, comme dans la précédente, que
la regle à diviser & la regle matrice étant fixées sur la grande regle mobile ,
il n'est pas possible que le tracelet ne répete pas, avec la plus parfaite précision , les mêmes divisions que celles de la regle matrice que l'on voit
sous le Microscope.

Lorsqu'on a ainsi tracé toutes les divisions , soit sur le cercle , soit sur la regle , il faut tracer les lignes qui doivent les renfermer ; pour cet effet,
il faut retirer le tracelet de la douille dans laquelle il est retenu, & le tourner de façon que son tranchant fasse un angle droit avec les divisions qu'il
vient de tracer , & l'arrêter dans la douille dans cette position.

Ensuite il faut faire revenir la grande regle au point où l'on a commencé
la division.

Alors il faut faire tomber le tracelet sur le bout de la premiere ligne
de la division à l'endroit où l'on veut commencer la grande ligne qui doit
les terminer ; ce qui s'exécute par le moyen des deux vis *I & K* de la *Figure* 47 , qui peuvent le faire avancer ou reculer, & qui lorsqu'on l'a fait
arriver au point convenable, peuvent l'y fixer en s'arcboutant l'une contre l'autre.

Quand tout est ainsi préparé , en abandonnant le tracelet à son propre
poids , il ne reste qu'à faire tourner la plate-forme , si c'est pour le cercle ;

ou à faire marcher la grande regle, fi c'eft pour la ligne droite ; & la
ligne que l'on veut faire, fe trouvera tracée également & exactement.

Toutes les lignes femblables fe tracent par la même méthode.

Divifions en Tranfverfales.

Si l'on veut faire des divifions en tranfverfales, comme cela fe prati-
que dans les échelles, dans lefquelles on veut avoir des décimales ou d'autres fubdivifions, il eft aifé de voir qu'en faifant tourner tout l'outil *F G*
(*Fig.* 109) fur les quarts de cercles *H I* & *K L*, qui font concentriques,
& dont le centre eft vers le tracelet *F*, on pourra donner à cet outil telle
inclinaifon que l'on voudra par rapport aux divifions qu'il aura tracées per-
pendiculairement à la ligne du mouvement de la grande regle, quand il
étoit au point du milieu de ces quarts de cercle.

Par exemple, fi l'on a commencé par tracer fur une regle *Figure* 123,
les divifions 1, 2, 3, &c, & les lignes *a*, *b*, *c*, &c, & que l'on veuille
tirer les tranfverfales 10 IX, 9 VIII, &c, il faut placer l'outil fur les cercles dans une inclinaifon telle que fon mouvement parcoure cette ligne ;
& pour cet effet, après lui avoir donné la courfe convenable par les
moyens indiqués plus haut, on le préfentera d'abord en IX, en faifant
avancer ou reculer la grande regle, jufqu'à ce que la pointe du tracelet
tombe bien exactement fur ce point ; enfuite on foulevera le chaffis à bafcule, afin que le tracelet ne porte pas fur la regle, pour ne pas faire de faux
traits ; dans cet état, on le fera venir au bout de fa courfe, & en le laif-
fant tomber tout doucement, on examinera fi fa pointe porte fur le point
10 ; & s'il n'y tombe pas, on fera marcher l'outil fur les cercles, jufqu'à ce
qu'il tombe exactement fur ces deux points aux deux bouts de fa courfe.

Quand on s'en fera bien affuré, il faudra examiner le Microfcope ; &
s'il ne fe trouve pas exactement fur la divifion, il faudra l'y remettre.

Il eft évident par tout ce qui a été dit jufqu'ici, que toutes les lignes
inclinées que marquera le tracelet, feront toutes paralleles & à mêmes diftances entre elles que les divifions.

Nous avons dit qu'il falloit préfenter la pointe du tracelet fur les deux
points oppofés de l'un defquels doit partir, & à l'autre defquels doit arriver la tranfverfale ; mais quelque fine que puiffe être la vue de celui qui
fait cette opération, elle ne feroit pas fuffifante pour la précifion qu'elle
demande.

Pour y fuppléer, il faut faire faire le petit banc dont on voit le plan
Figure 124, & le profil *Figure* 125. Ce banc porte un petit Microfcope
A B, ferré par le collet *C*, par le moyen duquel on peut l'approcher ou
l'éloigner, & enfuite le fixer à la diftance convenable ; ce collet lui-même

eſt porté par un genou D qui ſert à incliner ce Microſcope en tout ſens.

La longueur du banc & tous ces divers mouvements donnent la facilité de placer le Microſcope , de façon qu'on puiſſe voir commodément le point de la diviſion ſur lequel on veut faire tomber le tracelet , & en même temps la pointe du tracelet qui vient , pour ainſi dire , chercher ce point.

En général , ce petit Microſcope ainſi monté ſur ſon banc , eſt très-commode pour obſerver le tracelet & les diviſions , pendant le temps même des opérations , afin d'examiner s'il n'y ſurvient aucun dérangement.

Il ſert auſſi à placer avec préciſion les points qu'il faut quelquefois placer dans les diviſions , comme nous le dirons plus bas.

Diviſion en Moſaïque ou par Interſections.

J'appelle *Diviſion en Moſaïque* ou *par interſections* celle qui eſt repréſentée (*Fig.* 91) en grand , à peu près comme elle paroît ſous le Microſcope.

Cette diviſion eſt compoſée de lignes qui ſe coupent en angles droits ; elle m'a paru plus commode que celles qui ne ſont marquées que par de ſimples lignes ou par des points , parce que , ſi l'on veut placer ces dernieres ſous le fil d'un Micrometre ou vis-à-vis du fil à plomb d'un inſtrument , il eſt plus difficile de juger exactement (ſur-tout ſous le Microſcope) quand le fil répond au milieu du point ou de la ligne , qu'au milieu d'une interſection.

Les raiſons de cela ſont qu'une ligne ou un point , ſur-tout quand ils ſont groſſis par le Microſcope , ont une largeur ſenſible dont le milieu n'eſt pas déterminé , au lieu qu'une interſection , quand même les lignes qui la compoſent auroient une largeur conſidérable , a toujours deux points déterminés , qui ſont ceux où les deux bords des lignes ſe rencontrent ; par exemple , quelque largeur qu'ayent les lignes CD , EF (*Fig.* 126) les points a & b ſont toujours déterminés également.

Cette diviſion a encore un avantage ; c'eſt que les lignes qui ſe coupent ainſi , étant prolongées , elles forment une Moſaïque dont tous les loſanges devant être parfaitement égaux , ont deux propriétés , l'une de donner un moyen de vérification de l'égalité de la diviſion qui ne peut être parfaite s'ils ne ſont parfaitement égaux , & l'autre de ſubdiviſer en deux la diviſion que l'on a tracée. Ceci s'entendra mieux lorſque nous aurons indiqué la maniere de tracer cette diviſion.

Pour l'exécuter , il faut d'abord placer l'outil ſur les cercles près de H (*Fig.* 109) ſur le point qui y eſt marqué à 45 degrés du milieu ; alors après toutes les préparations décrites ci-deſſus , on tracera de ſuite toutes

les

les lignes *A*, *A* (*Fig.* 91) qui vont du même sens , & qui se trouveront à des distances égales , (telles , par exemple , qu'un dixieme de ligne ,) à celles qui sont marquées sur la regle matrice.

Quand elles seront toutes ainsi traceés , on transportera l'outil en *I* sur le point qui y est marqué aussi à 45 degrés , & on tracera autant de lignes *B*, *B*, qu'on en a tracé précédemment; ces lignes recouperont les premieres *A*, *A*, à angles droits , & formeront la Mosaïque *Figure* 91, dans laquelle il est évident que si , comme on l'a supposé pour l'exemple , les points *c*, *c*, *c*, &c. sont à un dixieme de ligne l'un de l'autre , les points *d*, *d*, &c. répondront au milieu de la distance d'un des points *c* à l'autre , de façon que quand par le mouvement que l'on donne à la regle , la ligne *e f* qui passe par les points *d*, *d*, sera arrivée sous la ligne *E F* qui représente le fil du Micrometre , la grande regle n'aura parcouru qu'un vingtieme de ligne ; c'est ce qui m'a fait dire plus haut que cette division en Mosaïque a l'avantage de subdiviser en deux la division qui est tracée sur la regle matrice , puisque dans l'exemple présent les divisions de la regle matrice n'étant que des dixiemes de ligne , la division nouvellement tracée donne des vingtiemes.

Il est bon d'observer ici que , quand on veut faire la seconde opération pour recouper les premieres lignes *A*, *A*, il faut avoir attention à ajuster la course du tracelet par le moyen des vis *I* & *K* de la *Figure* 47, de façon que les nouvelles lignes *B*, *B* soient de la même longueur , & qu'elles recoupent les premieres *A*, *A* dans leur milieu , afin qu'il n'y ait pas plus d'interfections au-dessus qu'au-dessous ; le moindre usage de l'instrument mettra au fait de toutes ces sortes d'attentions , en même temps qu'il en démontrera la nécessité.

Lorsque toutes ces interfections font faites , elles font si semblables qu'il seroit impossible de les distinguer l'une de l'autre sans le Microscope ; & comme l'on a souvent intérêt de connoître celles qui appartiennent au commencement de quelques divisions : par exemple , si la division est faite en dixieme de ligne , on veut distinguer celles des interfections auxquelles commencent les lignes & les demi-lignes.

C'est dans cette vue que l'on peut placer , comme on le voit dans la *Figure* 91 , deux points l'un au - dessus , & l'autre au - dessous de l'interfection du commencement des lignes , & un seulement au-dessus de celles des demi-lignes.

Pour cet effet , il suffit de substituer au tracelet *Figure* 39 , le poinçon qui est représenté à côté ; alors après avoir mis dans le petit seau le poids que l'on juge nécessaire pour la profondeur qu'on veut donner aux points par le moyen du petit Microscope *Figure* 124 & 125 , & par les mouvements dont on a déja parlé plusieurs fois , on ajuste la pointe du poinçon dans le lozange dans lequel on veut placer le point ; & quand il est tel qu'on le veut , on abandonne le chassis à bascule à son propre poids , sans le laisser tomber à coup, & cela fuffit pour marquer le point ; on fouleve le chaffis à bafcule, & on fait alors marcher la grande regle jufqu'à ce qu'on lui ait fait parcourir une demi-ligne, par exemple, ou cinq divifions ; on laiffe de nouveau appuyer le poinçon qui fait un nouveau point, & ainfi de fuite jufqu'à la fin de la regle qui fe trouve ainfi marquée de demi-ligne en demi-ligne.

Pour faire le fecond point qui doit marquer les lignes, on commence par rajufter le poinçon fur le lozange qui fe trouve au-deffous du premier point, & on répete l'opération avec la différence que ce n'eft que lorfqu'on a fait marcher la grande regle d'une ligne ou de dix divifions, qu'on marque les points.

Divifion de Vernier *connue auffi fous le nom de* Nonius.

Tout le monde fait que cette efpece de divifion dont le but eft de rendre fenfible à la vue de petites fubdivifions, confifte à appliquer contre une ligne divifée en parties égales une autre ligne qui foit égale à un certain nombre de ces parties, mais qui foit en même temps divifée en un nombre qui furpaffe le premier d'une unité. Par exemple, fi l'on veut avoir les dixiemes d'une ligne (douzieme de pouce) & que l'on ait une regle divifée en lignes, on marque fur la petite regle que l'on doit appliquer contre la premiere, un efpace de neuf lignes que l'on divife en dix parties égales ; lorfqu'on fait couler doucement cette regle contre la premiere, il eft très-facile de diftinguer laquelle des divifions de la feconde répond à la premiere, & de juger par-là de la quantité de dixiemes dont la regle a marché. Je ne m'étendrai pas davantage fur cette divifion qui eft très-connue.

Il eft facile de juger par tout ce qui a été dit jufqu'ici, qu'il eft très-aifé de faire ces efpeces de divifions avec les inftruments qu'on vient de décrire : en effet, fi l'on veut, par exemple, faire une divifion de Vernier qui marque les dixiemes de lignes, on place fous le tracelet la petite regle qu'on veut divifer, & en regardant dans le Microfcope, on fait paffer pour chaque divifion neuf dixiemes de ligne au lieu d'une ligne entiere, & il en réfulte que l'on a dix divifions égales dans l'efpace de neuf lignes, comme on le defiroit. Cet exemple fuffit pour faire comprendre la méthode que l'on peut étendre à tous les nombres demandés.

Toutes les différentes opérations que l'on vient de décrire, & qui fe font fur les métaux & fur les autres matieres moins dures par le moyen d'un tracelet d'acier, peuvent s'exécuter de même fur le verre & fur les matieres plus dures, telles que le cryftal de roche & les pierres précieufes mêmes ; fi, au lieu du tracelet, on fe fert d'un diamant de Miroitier adapté à une monture faite pour entrer dans la douille deftinée à recevoir le tracelet.

Il eſt ſouvent intéreſſant d'avoir des diviſions très-fines & très-exactes ſur des matieres tranſparentes ; ſi l'on n'en a pas fait plus d'uſage juſqu'ici , c'étoit par l'impoſſibilité qu'il y avoit à les tracer par les moyens connus juſqu'à préſent. Les machines qu'on vient de décrire en fourniſſant des moyens auſſi ſûrs que faciles , l'uſage pourra en être plus fréquent à l'avenir.

Dans tout ce qui a été dit juſqu'ici, nous avons toujours ſuppoſé que la plate-forme & la regle matrice étoient diviſées avec la plus grande préciſion, & nous avons annoncé que nous donnerions la méthode pour y parvenir ; nous n'avons pu la donner plutôt, parce qu'il étoit néceſſaire , pour la bien entendre , d'avoir l'intelligence de l'inſtrument : voici donc les moyens dont nous nous ſommes ſervi pour diviſer l'une & l'autre , qui formeront deux articles.

Diviſion de la Plate-forme.

AVANT de commencer la diviſion de la plate-forme, il faut , indépendamment de tous les inſtruments que nous avons décrits , ſe pourvoir d'abord d'un grand nombre (tel que 30 ou 40) de petites pieces de cuivre de trois ou quatre lignes de long ſur deux environ de large , & dont l'épaiſſeur ſoit égale au limbe qui eſt en relief ſur la plate-forme, & qui eſt marqué en *CCC* (*Fig. 56*). Sur ces pieces on trace une petite ligne perpendiculaire au milieu du grand côté , cette ligne ne ſauroit être trop fine , parce qu'elle doit être vue ſous le Microſcope.

Il eſt bon d'obſerver que , pour que cette ligne ſoit ſenſible ſans la rendre trop forte , il eſt utile de polir les petites pieces ſur leſquelles on doit les tracer , dans le ſens de leur longueur, ce que les Ouvriers appellent *tirer de long* , afin que les petites rayures que laiſſe le poli , & que l'on apperçoit très-ſenſiblement ſous le Microſcope, ſe trouvant perpendiculaires à la petite ligne , ne puiſſent ſe confondre avec elle.

Ces petites pieces ainſi diſpoſées étant deſtinées à être placées le long du limbe en relief de la plate-forme aux diſtances convenables , comme nous le dirons plus bas, pour y tenir lieu des diviſions qui doivent être tracées par la ſuite ſur le limbe même, ſeront déſignées par le nom de *Diviſions mobiles*.

Lorſqu'on veut fixer ces *Diviſions mobiles* le long du limbe , on les enduit en-deſſous de cette eſpece de cire verte dont on ſe ſert pour arrêter différents ornements dans les deſſerts , afin de pouvoir leur donner les petits mouvements néceſſaires pour les aſſujettir & enſuite les fixer.

Il faut encore avoir deux petits Microſcopes pareils , de l'un deſquels on va donner la deſcription. Nous les déſignerons ſous le nom de *Microſcopes à diviſion*.

La *Figure* 127 eſt le profil d'un de ces Microſcopes monté ſur ſon pied.

Les *Figures* 128, 129 & 130 font le plan, la face & le profil du pied. On voit dans le plan *Figure* 128 en *A*, un trou deftiné à laiffer paffer la vis en bois *A* (*Fig.* 127) qui fert à fixer ce pied fur l'établi quand on le veut : car le plus fouvent on fe contente d'arrêter ces Microfcopes avec de la cire verte. On voit dans ce même plan en *B* un trou deftiné à laiffer paffer la vis de rappel qu'on voit en *B* dans les *Figures* 127, 129 & 130.

Les *Figures* 131, 132 & 133, font le plan, la face poftérieure & le profil d'une piece deftinée à gliffer le long du pied que l'on vient de décrire.

Cette piece porte fur fa face antérieure un anneau brifé deftiné à recevoir le corps du Microfcope; cet anneau marqué *A* dans les *Figures* 131 & 133, eft arrêté fur cette piece par les vis *B*, *B*, marquées en lignes ponctuées dans la *Figure* 131, & dont on voit les têtes *B*, *B* dans la *Figure* 132.

Cette même piece porte fur fa face poftérieure deux pieds *C* & *D*, dont le premier *C* a un trou que l'on voit en *C* (*Fig.* 131) qui forme écrou pour recevoir la vis de rappel *B* (*Fig.* 127, 129 & 130). Et le fecond *D* eft deftiné à entrer dans la mortaife qu'on voit en *B D* (*Fig.* 129). Ce pied eft terminé par une vis qu'on voit en *D* (*Fig.* 133). Cette vis reçoit un écrou à oreille *d*, qui fert à contenir la piece & le Microfcope qu'elle porte, & à le fixer, quand on l'a mis à fon point.

Les *Figures* 134 & 135 font la coupe & le profil du corps du Microfcope.

Ce Microfcope qui n'eft qu'à deux verres, porte au foyer de fon oculaire un réticule compofé de deux brins de foie de cocons en croix; il a, par le moyen de la vis qu'on voit en *A* dans ces deux *Figures*, la faculté de pouvoir approcher ou éloigner l'oculaire du réticule, comme on l'a expliqué plus en détail dans la defcription du Microfcope.

Le collet brifé *B* fert à fixer le tuyau qui porte l'oculaire, quand on a trouvé, par le moyen de la vis *A*, le point auquel le réticule paroît le plus diftinct à l'obfervateur.

La *Figure* 136 eft le plan des deux Microfcopes à divifion, lorfqu'ils font rapprochés le plus qu'il eft poffible.

Tout étant ainfi préparé, il faut placer l'inftrument à tracer fur l'établi, de façon que le tracelet puiffe porter fur le limbe de la plate-forme.

Pour cet effet, on fent bien, en voyant la *Figure* 80, qu'il faut fupprimer l'efpece de fellette fur laquelle l'inftrument à tracer n'eft placé que pour fe trouver à la hauteur des pieces à divifer.

Quoique l'on puiffe divifer la plate-forme en tel nombre que l'on veut, je ne parlerai ici que de la divifion du cercle en degrés, minutes, &c, tant pour la clarté que parce que c'eft la plus ufitée & la plus néceffaire; il fera aifé, fi l'on a befoin de quelqu'autre nombre, d'y appliquer la même méthode.

Divifion

Division du cercle en Degrés, Minutes, &c.

Il faut d'abord placer une des divisions mobiles à un endroit quelconque du limbe ; mais comme celle-ci doit servir par la suite de premier point de la division, il faut l'arrêter sur la plate-forme avec deux petites vis.

Quand cela est fait, il faut placer les deux Microscopes à division sur l'établi à peu près aux deux bouts d'un diametre quelconque de la plate-forme, comme *A B* (*Fig.* 137), & les ajuster de façon que l'un des fils croisés du réticule tende au centre de la plate-forme, & que l'autre soit tangent au bord extérieur du limbe, comme on le voit en *A* & en *B*, position que l'on doit toujours observer dans tout le cours des opérations.

Alors en faisant tourner la plate-forme, il faut faire venir la division mobile qu'on a fixée avec deux vis, & que j'appellerai par la suite le *point zéro* sous le fil du Microscope *A*.

Ensuite il faut placer avec de la cire une des divisions mobiles sous le Microscope *B*.

Il est évident que cette division mobile n'étant placée qu'à peu près, si l'on fait faire à la plate-forme la moitié de sa révolution pour la mettre sous le Microscope *A*, le *point zéro* ne se trouvera pas sous le Microscope *B*, & que les deux moitiés de la révolution de la plate-forme ne feront pas égales.

Alors on fera marcher la division mobile de la moitié à peu près de la différence de la grande moitié à la petite, ensuite on remettra le point zéro sous le Microscope *A*. Dans ce moment, la division mobile ne se trouvera plus sous le Microscope *B* ; mais on y fera venir ce Microscope, & l'on recommencera ces opérations jusqu'à ce que les points *A* & *B* étant placés sous celui des deux Microscopes qu'on voudra, on apperçoive le point opposé sous l'autre ; alors on sera sûr d'avoir deux points diamétralement opposés avec la plus grande précision, ce qui est très-important.

Quand on est ainsi parvenu à avoir ces deux points, il faut enlever les deux Microscopes, parce qu'ils deviennent inutiles dans cette position qui n'étoit nécessaire que pour avoir ces deux points.

Dans cet état, il faut placer un des deux points dont on vient de parler, sous le tracelet ; & pour s'assurer de sa position, on peut se servir du petit Microscope décrit *Figure* 124 & 125.

Après quoi il faut placer un des Microscopes à division au-dessus du point opposé ; & comme il est nécessaire qu'il reste invariablement dans cette situation pendant toutes les autres opérations, il convient de le fixer avec la vis en bois *A* (*Fig.* 127).

On conçoit que par ce moyen le tracelet se trouve toujours diamétralement oppofé au Microfcope, & par conféquent qu'il eft en état de répéter fidélement d'un côté du cercle ce que le Microfcope fait voir avec la plus grande précifion de l'autre côté.

De-là il réfulte que fi l'on parvient à bien divifer la moitié du limbe, elle fervira à divifer fans peine l'autre moitié, puifqu'en faifant paffer les divifions de la premiere fous le Microfcope, le tracelet les répétera fur la feconde ; c'eft donc pour divifer ce premier demi-cercle qu'il faut faire les opérations fuivantes.

Pour cet effet, il faut placer fur la plate-forme deux nouvelles divifions mobiles C & D (*Fig.* 137) à 60 degrés à peu près l'une de l'autre, ainfi que des points T & Z, qui repréfentent le tracelet & le point zéro, afin de partager le demi-cercle en trois efpaces égaux; cela fait, il faut placer le fecond Microfcope à divifions, en C, avec les mêmes attentions qu'on avoit eues lorfqu'on l'avoit placé en B dans la premiere opération.

Alors on fait tourner la plate-forme jufqu'à ce que le point C foit arrivé fous le Microfcope fixe ; dans cette fituation, on place la divifion mobile D fous le fecond Microfcope qui eft refté en C ; enfuite on fait encore tourner la plate-forme jufqu'à ce que le point D arrive à fon tour fous le Microfcope fixe ; dans cette fituation, on examine la diftance du point T, qui eft à peu près fous le fecond Microfcope au fil de ce même Microfcope fous lequel il devroit être fi les trois parties $Z C$, $C D$, $D T$ étoient égales.

Si l'on trouve que les trois diftances furpaffent le demi-cercle, on en conclut que la diftance des deux Microfcopes (que je défigne par le mot d'*ouverture* par analogie à celle d'un compas) eft trop grande, & qu'il faut rapprocher le Microfcope mobile de celui qui eft fixe, du tiers de l'efpace dont les trois divifions ajoutées ont furpaffé le demi-cercle, & *vice-verfâ* fi les trois diftances n'arrivent pas jufqu'au point T, c'eft-à-dire, fi elles font trop courtes.

On recommence cette opération jufqu'à ce que l'on foit parvenu à rendre ces diftances ajoutées enfemble parfaitement égales au demi-cercle, & alors on eft fûr d'avoir parfaitement les points diftants entr'eux de 60 degrés.

Lorfqu'on en eft ainfi venu à bout, on peut commencer à tracer fur le limbe ; pour cet effet, on remet le point zéro fous le Microfcope, & l'on trace le point T fur le limbe ; on fait venir enfuite fous le même Microfcope le point C, & on trace le point c qui lui eft oppofé, & l'on en ufe de même pour les points D & d.

On procede enfuite par la même méthode pour marquer & tracer les points de 30 en 30 degrés, enfuite de 10 en 10, & ainfi de fuite, jufqu'à ce que l'épaiffeur des Microfcopes les empêche de pouvoir s'approcher affez pour embraffer de trop petites diftances. Par exemple, fi les

Microſcopes ne peuvent embraſſer que l'eſpace d'un pouce, & que par la proportion du rayon du cercle un arc de ſix degrés n'occupe qu'un pouce, on ne pourroit ſubdiviſer les arcs de dix degrés en deux, c'eſt-à-dire, en arcs de cinq degrés.

Pour lors il faut avoir recours à un autre moyen que voici.

Par la ſuppoſition, on a eu tous les arcs de dix degrés, ainſi on a le point de 90 & celui de 180 bien déterminés; comme ces deux nombres ſont diviſibles par 9, il faut donner aux deux Microſcopes une *ouverture* de neuf degrés, qui étant répétée dix fois depuis o juſqu'à 90, donnera le 9ᵉ, le 18ᵉ, le 27ᵉ, &c, degrés, & depuis le 90ᵉ, juſqu'au 180ᵉ, le 99ᵉ, le 108ᵉ, le 117ᵉ, &c. Les trois points de zéro, de 90 & de 180 ayant été donnés par la premiere opération, deviennent des points d'appui ſûrs pour celle-ci.

Il faut obſerver que par la propriété du nombre de 9, tous ſes multiples finiſſant par des chiffres qui vont toujous en décroiſſant d'une unité, tous les points que l'on aura marqués ainſi, deviendront à leur tour des points d'appui pour les autres degrés de dix en dix, dont le nombre finira par un chiffre ſemblable à eux. Par exemple, le point du 9ᵉ degré ainſi que celui du 99ᵉ, ſerviront de points d'appui aux 19ᵉ, 29ᵉ, 39ᵉ, &c, degrés. Le point du 18ᵉ aux 28ᵉ, 38ᵉ, 48ᵉ, &c, degrés, & ainſi des autres, ce qui ſervira à marquer très-exactement tous les degrés.

En effet ſi l'on replace le ſecond Microſcope à l'ouverture de dix degrés, & que l'on faſſe tourner la plate-forme juſqu'à ce que le point du 9ᵉ degré ſe trouve deſſous ce Microſcope, la diviſion mobile qu'on placera alors ſous le ſecond, marquera le 19ᵉ; & en continuant l'opération, on aura de même le 29ᵉ, &c.

Par ce moyen l'on aura tous les degrés du demi-cercle que l'on pourra tracer à meſure ſur le limbe.

Il faut remarquer que ſi le rayon de la plate-forme étoit aſſez grand pour que l'eſpace de quatre degrés pût être embraſſé par les Microſcopes, il y auroit plus d'avantage à ſe ſervir des nombres de quatre & de cinq que de ceux de neuf & de dix dont on vient de parler, parce que ſi le cercle ſe trouvoit (comme il le ſeroit dans ce cas) diviſé de cinq en cinq degrés, & que l'on diviſât enſuite de quatre en quatre, on trouveroit toujours des points d'appui, (c'eſt-à-dire, des points donnés par la premiere opération) de vingt en vingt degrés, & que plus il s'en trouve de cette eſpece, plus on eſt ſûr de l'exactitude de l'opération.

C'eſt pour cette raiſon que l'on a toujours commencé par les plus grandes diviſions en deſcendant aux plus petites.

On pourroit avoir par le même moyen les diviſions des demi-degrés; il ne ſeroit queſtion que de partager en deux un nombre impair de degrés diviſeur du demi-cercle, tel que 15, qui partagé en deux, donneroit le

demi-degré entre le 7e & le 8e degré, & delà de 15 en 15 degrés donneroit plusieurs points d'appui sur lesquels on recommenceroit toutes les
opérations qu'on a décrites pour les degrés; mais indépendamment de la
longueur de cette opération, elle ne donneroit pas encore toutes les subdivisions que l'on peut desirer.

Voici une méthode beaucoup plus courte, & qui remplit les deux
objets.

Il faut avoir un arbre *Figure* 138, qui entre dans la douille *B* de la plate-
forme *Figure* 56, & qui porte à son extrémité une grosse douille de cuivre
destinée à recevoir à frottement l'arbre *A* de la piece *Figure* 152.

Cette piece dont on voit le plan *Figure* 153, le profil en face *Figure*
152, & le bout *Figure* 154, est destinée à recevoir un Télescope de réfle-
xion (ou autre) qui se fixe sur cette piece par le moyen de deux vis qui
tiennent au Télescope, & qui après avoir passé dans les trous *G, G* de
cette piece, sont affermis par deux écrous à oreille, comme on peut le
voir dans le profil *Figure* 142.

Nota. Il ne faut pas faire attention à la petite regle que l'on voit dans ce
profil, & qui est destinée à un autre usage dont on parlera plus bas.

Cette piece porte en-dessous un petit arbre destiné dans cette opéra-
tion-ci à tourner à frottement dans la douille de l'arbre *Figure* 138.

Il est aisé de voir que le Télescope ainsi monté est susceptible de deux
mouvements concentriques, mais indépendants l'un de l'autre; car il
peut être mené par la plate-forme, & il peut tourner indépendamment d'elle.

Il faut avoir attention à placer au foyer du premier oculaire du Télescope un fil de cocon dans la situation verticale.

Il faut ensuite avoir une regle épaisse *Figure* 139 d'environ six ou sept
pieds de long, sur laquelle on colle du papier blanc pour pouvoir y marquer des divisions.

Sur cette regle, après y avoir tiré une ligne bien droite au milieu de
sa largeur, on place sur cette ligne deux points à la distance qu'on voudra,
pour représenter le degré qu'on veut diviser; par exemple, de cinq pieds;
on divise cet espace en autant de parties que l'on veut marquer de subdivisions dans le degré, par exemple, en 6 si l'on veut diviser de 10
en 10 minutes; en 10, si c'est par 6 minutes, *Figure* 139 *A*; en 60,
si c'est par minutes, &c. On fait passer par chacune de ces divisions une
ligne de crayon perpendiculaire à la grande ligne, afin de placer plus exactement la petite plaque qui sert à marquer les divisions dont on va parler.

Cette plaque *Figure* 140, qui est de cuivre mince découpée en croix de
S. André, est de la même espece que celles qu'on emploie pour faire
les lettres des livres de chant, & qui sont connues sous le nom de *Carac-
teres découpés.* On sait que la façon de s'en servir est d'y appliquer une

brosse

broſſe légérement humeĉtée d'eau & paſſée ſur une petite planche ſur laquelle on a mis du noir de fumée, avec laquelle on frotte le papier ſur
lequel on les a poſés à travers leurs découpures; leur propriété eſt d'im-
primer ſur ce papier la figure de leur découpure d'une maniere très-nette
ſans bavure, & qui eſt ſeche dans l'inſtant.

C'eſt de cette façon que l'on marque ſur la grande planche les ſubdiviſions du degré; & pour les diſtinguer plus facilement, on place
auprès de celles qu'on veut diſtinguer, les chiffres relatifs que l'on im-
prime auſſi avec des caraĉteres découpés.

Tout étant ainſi préparé, on va placer cette grande regle horizontale-
ment à environ 48 ou 49 toiſes de l'endroit où eſt placée la plate-forme
(ſi l'on a pris cinq pieds pour degré) & l'on a attention à la mettre à la hauteur convenable, pour qu'elle ſe trouve toujours dans le champ du Téleſcope pendant ſon mouvement.

Cette regle, dans la rigueur, n'eſt pas un arc, & n'eſt qu'une corde;
mais dans un arc d'un degré, la différence de l'arc à la corde peut être
négligée ſans erreur ſenſible.

Maintenant pour appliquer ceci à la diviſion de la plate-forme, il faut
faire venir ſous le premier Microſcope le point zéro, & faire tourner le
Téleſcope par ſon mouvement propre, juſqu'à ce que le fil qui eſt au foyer
de ſon oculaire, ſe trouve bien exaĉtement ſur le premier point de la
grande regle que j'appelle *La mire*; enſuite faiſant tourner la plate-forme
(qui dans ce moment emmene le Téleſcope avec elle) juſqu'à ce que l'on
apperçoive dans le Microſcope le point du premier degré, on regarde ſi
le fil du Téleſcope ſe trouve ſur le dernier point de la mire. Si l'on voit
qu'il n'y ſoit pas arrivé, c'eſt une marque que la mire eſt trop proche; &
s'il l'a paſſé, qu'elle eſt trop loin: en conſéquence, il faut la faire approcher ou éloigner juſqu'à ce que le Téleſcope en parcoure exaĉtement la diſtance dans le même temps que la plate-forme tourne d'un degré.

Quand on y eſt parvenu, on ſent aiſément qu'il ne reſte qu'à tracer
une ligne ſur le limbe à meſure qu'on voit une des ſubdiviſions de la mire
dans le Téleſcope, & que par la ſimilitude des arcs, elles doivent ſe trouver de la plus grande exaĉtitude.

On pourroit tracer par ce moyen les ſubdiviſions de tous les degrés,
il n'y auroit pour cet effet qu'à ramener à la fin de chaque degré, par ſon
mouvement propre, le Téleſcope au premier point de la mire; mais comme
cette opération eſt aſſez longue, & qu'elle ne peut être faire que dans
un grand eſpace, elle pourroit éprouver des inconvénients & des dérange-
ments qu'on peut prévenir aiſément quand il n'eſt queſtion que d'une
ſeule opération, mais qu'il ſeroit fort difficile d'éviter s'il falloit la répéter 360 fois.

Pour éviter cet inconvénient, au lieu de tracer les subdivisions d'un degré sur le limbe même, on peut les tracer sur une division mobile, que l'on peut fixer pour ce moment-là seulement avec des vis (afin qu'elle ne puisse éprouver aucun mouvement pendant l'opération) ; & quand cette division mobile est une fois bien exactement divisée, on peut l'appliquer successivement à tous les degrés qui passent sous le Microscope & ainsi elle servira de regle pour tous les degrés l'un après l'autre.

Division de la Regle Matrice pour la Ligne droite.

Nous ferons ici d'abord une observation de la même espece que celle que nous avons faite à propos de la plate-forme. C'est que, quoiqu'on puisse employer la même méthode pour diviser une ligne d'une longueur quelconque, nous ne décrirons que la division d'un pied-de-roi, parce qu'on peut en déduire aisément ce qu'il seroit nécessaire pour une autre longueur quelconque; & cela sera suffisant pour faire entendre ce qui est nécessaire pour diviser en parties égales ; mais comme on a besoin quelquefois de diviser une ligne en parties inégales, comme les cordes d'un cercle, &c, nous donnerons la méthode qu'il faut employer, ce qui ne sera qu'un corollaire de la méthode générale.

Division d'un Pied-de-Roi, en pouces, lignes, dixiemes, vingtiemes de ligne, &c.

L'outil à tracer étant placé sur l'établi convenable, comme on le voit dans la *Figure* 109, il faut être pourvu, comme dans l'opération précédente, d'un nombre de *divisions mobiles* qui soient de même épaisseur que les deux regles dont nous allons parler, & qui n'ayent de largeur que celle de l'espace qui restera entre le bord de la grande regle mobile *A E* & le bord de la regle *A B* qu'on appliquera dessus, comme on va le dire.

Il faut avoir deux regles de cuivre *A B*, *B C*, d'environ 13 pouces de long, bien dressées & bien égales d'épaisseur, qui soient percées à chaque bout d'un trou un peu oblong destiné à recevoir les vis qui doivent les arrêter sur la grande regle mobile *A E*.

Ensuite il faut marquer sur la regle *A B*, avec le plus de précision qu'il sera possible, la longueur d'un Pied-de-Roi qui est celle qu'on veut diviser, & tracer les lignes qui en marquent les extrémités très-légérement, parce qu'elles doivent être vues sous le Microscope, & en même temps il faut les continuer jusqu'au bord de la regle.

Cela fait, il faut placer cette regle *A B* sur la grande regle mobile, de façon qu'il reste entre le bord de cette regle & celui de la grande, un espace suffisant pour placer des divisions mobiles.

Ensuite il faut placer le Microscope, comme on le voit dans la *Figure* 109, en observant que l'intersection des fils croisés de son Micrometre se trouve sur le bord de la regle *A B*, qu'on vient de placer.

Mais comme il est important que le bord de cette regle, pendant tout le mouvement de la grande regle *A E*, réponde toujours à ce point des fils croisés, il faut par le moyen des trous oblongs qui sont aux bouts de la regle, & qui ont été ménagés exprès pour cela, l'ajuster de telle façon que son bord ne s'en écarte pas.

Cette regle étant ainsi placée, il faut diposer la regle *C D* de façon que son bout *C*, ou pour mieux dire, le point près de ce bout où doit commencer la division, soit sous le tracelet en même temps que le premier point tracé proche du bout *A* de la premiere regle sera sous le fil croisé du Microscope.

Pour placer cette regle dans le parallélisme, il faut avoir les mêmes attentions, qu'on a eues pour la premiere.

On vérifie l'une & l'autre en faisant parcourir à la grande regle tout l'espace qu'elle peut faire : car si après avoir placé le bord de la premiere sous le fil croisé du Microscope, & le bord de la seconde sous la pointe du tracelet au commencement du mouvement de la grande regle, on les trouve à la fin de son mouvement dans la même position ; on est sûr que ces deux regles sont parfaitement paralleles à la grande, ce qui est absolument nécessaire pour la perfection de l'opération.

Tout étant ainsi préparé, il faut placer les deux Microscopes à divisions l'un à la place du grand Microscope, & l'autre à environ 6 pouces de distance du premier, & ensuite mettre sous le fil croisé de celui-ci une division mobile, pendant que le premier sera placé sur le premier point que j'appellerai aussi le *point zéro*. Si dans cette situation on fait marcher la grande regle jusqu'à ce que la division mobile que l'on vient de placer sous le second Microscope, arrive sous le premier, le second point de la regle qui est à l'autre bout du pied, se trouvera près du fil croisé du second Microscope ; on en usera alors comme on a fait pour les deux bouts du diametre du cercle, c'est-à-dire, qu'en recommençant l'opération, on avancera ou on reculera la division mobile, jusqu'à ce que *l'ouverture* des Microscopes réponde parfaitement à chacune des moitiés du pied ; alors on aura le point de 6 pouces parfaitement placé.

On fera la même chose pour avoir les distances de trois pouces, & ensuite d'un pouce, en diminuant l'ouverture, autant qu'il est nécessaire, pour chacune de ces divisions.

On ne s'étendra pas davantage sur ces opérations ; ce qu'on a dit pour la division du cercle, doit suffire pour les faire entendre aisément.

Quant à la subdivision du pouce en lignes & en portions de ligne, quoique le principe soit le même, son application demande quelques soins & quelques instruments de plus dont on va donner les détails.

Les *Figures* 141 & 142 sont le plan & le profil de l'instrument nécessaire pour les subdivisions de la ligne droite, & dont on va détailler toutes les pieces.

Les *Figures* 143, 144 & 145 sont le plan, le profil & le bout d'une regle épaisse, longue d'environ trois pieds, & taillée en-dessous en double bizeau, comme on le voit dans la *Figure* 145, faite pour entrer & glisser dans la rainure en queue d'aronde marqueé & dans la coupe de l'établi *Figure* 82, qu'elle traverse dans toute sa largeur & & (*Fig.* 81). On voit en & (*Fig.* 81) le bouton d'une vis de pression destiné à fixer cette regle au point que l'on juge à propos.

Cette regle est armée à un de ses bouts d'une piece de cuivre *A* (*Fig.* 143, 144 & 145) destinée à recevoir la vis de rappel *B* qui doit conduire la piece dont nous allons parler tout à l'heure. *C* est la *Figure* plus en grand de la rondelle qu'on voit en *c* sur la vis, & qui y est arrêtée par la goupille *D*.

Les *Figures* 146 & 147 sont le plan & le profil d'un piedestal de bois destiné à porter le Télescope sur son pivot. On y voit,

1°, En *A* (*Fig.* 146) un trou rond qui doit être evasé en-dessous, pour donner plus de facilité à tourner la vis & son contre-écrou *Figure* 149.

2°, En *B B*, &c, quatre trous *Figure* 146 destinés à recevoir les vis à caller *B B* (*Fig.* 147).

3°, Quatre trous *C*, *C* faits pour recevoir quatre vis en bois, pour fixer sur ce pied la plaque *Figure* 148.

4°, Quatre autres trous *D*, *D*, pour laisser passer le bout de quatre autres vis dont on parlera plus bas.

5°, En *E* (*Fig.* 147) une rainure semblable à celle de l'établi, & destinée, comme elle, à laisser passer la regle, *Figures* 143, 144 & 145.

6°, En *F*, un écrou de cuivre noyé dans le bois, fait pour recevoir la vis de rappel *B* de la *Figure* 144.

Il est aisé de voir que cet appareil n'est fait que pour donner le moyen de faire avancer ou reculer par un mouvement lent ce piedestal sur la regle, & que les vis à caller *B*, *B*, ne sont destinées qu'à l'affermir quand on lui a donné la position convenable.

Les *Figures* 148 & 149 sont le plan & le profil d'une plaque de cuivre que l'on fixe sur le piedestal *Figures* 146 & 147, par le moyen de quatre vis en bois dont les têtes se logent dans les quatre trous *C*, *C* (*Fig.* 148).

On y voit en *A* un trou formant un écrou pour recevoir la vis *A* de la
Figure

Figure 149 qui eft deftinée à recevoir la pointe d'un pivot dont nous parlerons plus bas.

Les quatre trous qu'on voit en *D*, *D* & qui forment écrou, doivent recevoir les vis *Figure* 158.

La *Figure* 150 repréfente la vis *A* de la *Figure* 149 féparée de fon contre-écrou dont on voit le profil en *a*, & la face en *a'*.

La *Figure* 151 eft un petit pontet de cuivre dont on voit le profil en *B*. On y voit en *A* une petite pointe d'acier deftinée à entrer dans un petit trou fait au haut *a* du pivot *Figure* 152.

Les *Figures* 152, 153 & 154 font le profil, le plan & le bout d'une piece deftinée à foutenir le Télefcope. On voit dans le profil *Figure* 152 en *a A*, un pivot d'acier dont le bout *A* fe place dans le trou *A* fait au bout de la vis *A* des *Figures* 149 ou 150, & le petit trou qui eft en *a* reçoit la pointe *A* du pontet *Figure* 151, que l'on pofe par-deffus cette piece. On voit en *G G* deux trous deftinés à laiffer paffer deux vis attachées au corps du Télefcope, & qui fervent à l'affermir fur cette piece par le moyen de deux écrous à oreille, comme on le voit en *G G* (*Figure* 142).

Quand on a placé ainfi par-deffus la piece *Figure* 152 le pontet *Figure* 151, on pofe fur fes oreilles *D*, *D* les deux petites regles *Figure* 156, dont on voit le profil *Figure* 157, & on fait paffer dans leurs trous *D*, *D* les vis à clef *Figure* 158.

Il eft aifé de voir par cet expofé & par l'infpection des *Figures* que le pontet *Figure* 151, avant que d'être ferré par ces quatre vis, a la liberté de fe mouvoir un peu, foit en avant, foit en arriere, foit de côté, fans fortir de deffous les petites regles *Figures* 155 & 156.

On lui a confervé ces mouvements, parce que portant un des bouts *a* du pivot *Figure* 152, pendant que l'autre bout *A* demeure fixé dans le trou *A* de la plaque *Figure* 148, il peut faire incliner un peu ce pivot, & lui faire prendre facilement un mouvement parallele à celui de la grande regle, comme on le dira plus bas.

Les *Figures* 159 & 160 font le plan & le profil d'une petite regle de cuivre dont la longueur eft indéterminée. On peut même en avoir plufieurs de longueurs différentes fuivant les opérations qu'on veut faire ; nous fuppoferons celle dont nous allons parler, d'environ 14 à 15 pouces. Cette regle eft terminée par une petite plaque de cuivre percée d'un trou *G*, & garnie de deux petits pieds *h*, *h*. Le trou *G* eft deftiné à laiffer paffer une des vis *G* du corps du Télefcope qui a déja paffé dans un des trous *G* de la piece *Figure* 153, afin d'affujétir cette regle à cette piece par le moyen du même écrou à oreille qui y fixe le Télefcope, de

L

façon que le tout enfemble foit tellement affermi que l'un ne puiffe pas fe mouvoir fans l'autre.

La feule infpection des *Figures* 141 & 142, qui repréfentent toutes ces pieces montées, le feront mieux concevoir que tout ce qu'on pourroit en dire de plus.

Pour empêcher que cette petite regle, qui doit être affez longue pour paffer aû-delà de la grande regle de l'établi ne puiffe plier par fon propre poids, on fait une petite douille qui peut couler fur cette regle, & qui porte une petite roulette de la hauteur convenable, pour en foutenir le bout à la même hauteur que celui qui eft arrêté au Télefcope. On en voit les profils & le plan en *A*, *B*, & *C*, *Fig.* 161.

Cet inftrument ainfi monté, il faut encore établir fur la grande regle mobile une petite piece *Figure* 162, dont voici le détail.

A B C eft une petite équerre de cuivre que l'on fixe fur la grande regle mobile par le moyen de la vis *D*. Cette équerre porte un petit reffort *E B F G*, qui y eft attaché par une vis *B*, dont la tête, au lieu d'être refendue, forme une efpece de pied qui entrant dans un petit trou fait fur la grande regle mobile, contribue à affermir le petit inftrument.

Ce reffort porte dans fa partie fupérieure un petit cylindre de cuivre *F G* qui y eft rivé & qui fert à appuyer la petite regle *Figures* 159 & 160 contre le bout de la vis *H*, comme nous l'expliquerons tout à l'heure. La vis *H* dont la pointe eft un peu mouffe, porte un contre-écrou qui fert à l'affermir quand on l'a mife à fon point.

Venons maintenant à l'ufage de ce que nous venons de décrire.

Il faut commencer par fixer fur la grande regle mobile la petite piece *Figure* 162; & quoiqu'il n'y ait rien qui détermine exactement la place où elle doit être, on peut la placer vis-à-vis du 8ᵉ pouce de la regle *A B* de la *Figure* 109. On verra plus bas quelque raifon pour cette détermination.

Enfuite il faut placer la regle épaiffe *A B* (*Fig.* 142) dans la rainure en queue d'aronde *A* de l'établi *Figure* 82, & l'arrêter par le moyen de la vis de preffion &.

Dans la *Figure* 166 qui montre une partie de l'établi, *A B C D* repréfente une portion de la grande regle mobile.

E F, une regle qu'on a divifée en pouces, & qui eft placée fous le Microfcope.

G H I K eft une partie de la grande regle de bois qui porte le Télefcope.

L M, une partie de la regle de cuivre qui dirige le mouvement du Télefcope.

N, la douille qui porte la petite roulette décrite *Figure* 161; *O*, la petite piece décrite *Figure* 162.

Cela pofé, il faut commencer par fixer la piece *O*, comme on le voit dans cette *Figure*, fur la grande regle *A B C D*, de façon qu'elle réponde à peu près au 8ᵉ pouce de la regle *E F* qui eſt diviſée en pouces.

Il faut enfuite placer la regle de bois *G H I K* dans la rainure en queue d'aronde de l'établi qui eſt faite pour la recevoir & l'arrêter par le moyen de la vis de preſſion, de façon que le bout *M* de la petite regle de cuivre qui dirige le Téleſcope, furpaſſe aſſez la grande regle mobile *A B C D*, pour que la roulette portée par la douille *N*, puiſſe rouler fur l'établi.

Après cela il faut engager, comme on le voit dans cette *Figure*, la petite regle de cuivre *L M* entre la pointe de la vis & le reſſort de la piece *O* qui a été décrite *Figure* 162.

Tout étant ainſi difpoſé, il eſt évident que lorſqu'on mettra en mouvement la grande regle, la petite piece *O* qui y eſt fixée, emménera avec elle la petite regle *M* qui communiquera ſon mouvement au Téleſcope auquel elle eſt arrêtée.

Ce mouvement bien entendu, il ſera facile d'appliquer ici ce qui a été dit pour la ſubdiviſion du cercle, & d'entendre ce qu'il convient de faire.

1°, On conſtruira une mire ſemblable à celle qu'on a faite pour le cercle *Figure* 139 *B*, excepté que celle-ci ſera diviſée en douze, pour repréſenter les lignes, & chacune de ces parties en 5ᵉˢ, 10ᵉˢ ou 20ᵉˢ, comme on le voudra.

2°, On envoyera cette mire à peu près à la diſtance convenable, pour que le mouvement que fera le Téleſcope, pendant que la grande regle parcourra un pouce ſous le Microſcope, en embraſſe les deux extrémités.

Mais comme il eſt important que le Téleſcope les embraſſe avec préciſion, & qu'elle eſt relative à la diſtance du centre du mouvement du Téleſcope à la grande regle mobile; lorſqu'on aura placé la mire à peu près où elle doit être, on pourra aiſément faire varier cette diſtance par les moyens qu'on s'eſt ménagés.

En effet, ſi l'on trouve une trop grande différence, on peut éloigner ou approcher le Téleſcope, en enfonçant ou en retirant la grande regle de bois dans la rainure de l'établi; & ſi cette différence eſt petite, on fait marcher ſeulement le piedeſtal qui porte le Téleſcope par le moyen de la vis de rappel qui eſt au bout de la regle de bois; enfin on acheve de le placer dans la plus grande exactitude par le moyen de la petite vis de la piece *O* qui eſt ſuſceptible de faire avancer ou reculer le Téleſcope d'une très-petite quantité.

On ne croit pas avoir beſoin de répéter ici que tous ces mouvements doivent toujours être comparés au mouvement d'un pouce de la grande regle examiné ſous le Microſcope.

On ne doit pas avoir befoin non plus de rappeller que les triangles que forment les deux extrémités du pouce fur la regle, & les deux extrémités de la mire avec le centre du mouvement du Télefcope étant femblables, leurs fubdivifions refpectives le font également.

On voit par-là qu'on peut tracer par ce moyen fur une divifion mobile, un pouce fubdivifé comme on le voudra, & que l'on pourra l'employer enfuite fous le Microfcope pour divifer tous les pouces de la regle, comme on a divifé tous les degrés du cercle.

Il ne nous refte qu'un mot à dire des divifions inégales, telles que pourroient être les cordes d'un cercle, ou quelque autre de celles qu'on veut mettre fur un compas de proportion.

Il eft facile de conclure, de tout ce qui vient d'être dit, qu'il ne faut que tracer en grand fur une mire les divifions que l'on veut faire ; mais il faut obferver en même temps que la longueur de la piece fur laquelle on veut tracer ces divifions, étant beaucoup plus grande que celle que nous venons de décrire, qui n'étoit que d'un pouce, il faut changer dans la proportion convenable la diftance du centre du mouvement du Télefcope à la grande regle, & que pour cet effet, il faut que la regle qui fert à diriger le Télefcope, foit plus longue.

Il eft bon d'obferver qu'une feule mire peut fervir à tracer la même efpece de divifion fur toutes fortes de longueurs, parce qu'il ne faut, pour qu'elle puiffe y convenir, que la placer un peu plus près, ou un peu plus loin.

F I N.

De l'Imprimerie de L. F. Delatour. 1768.

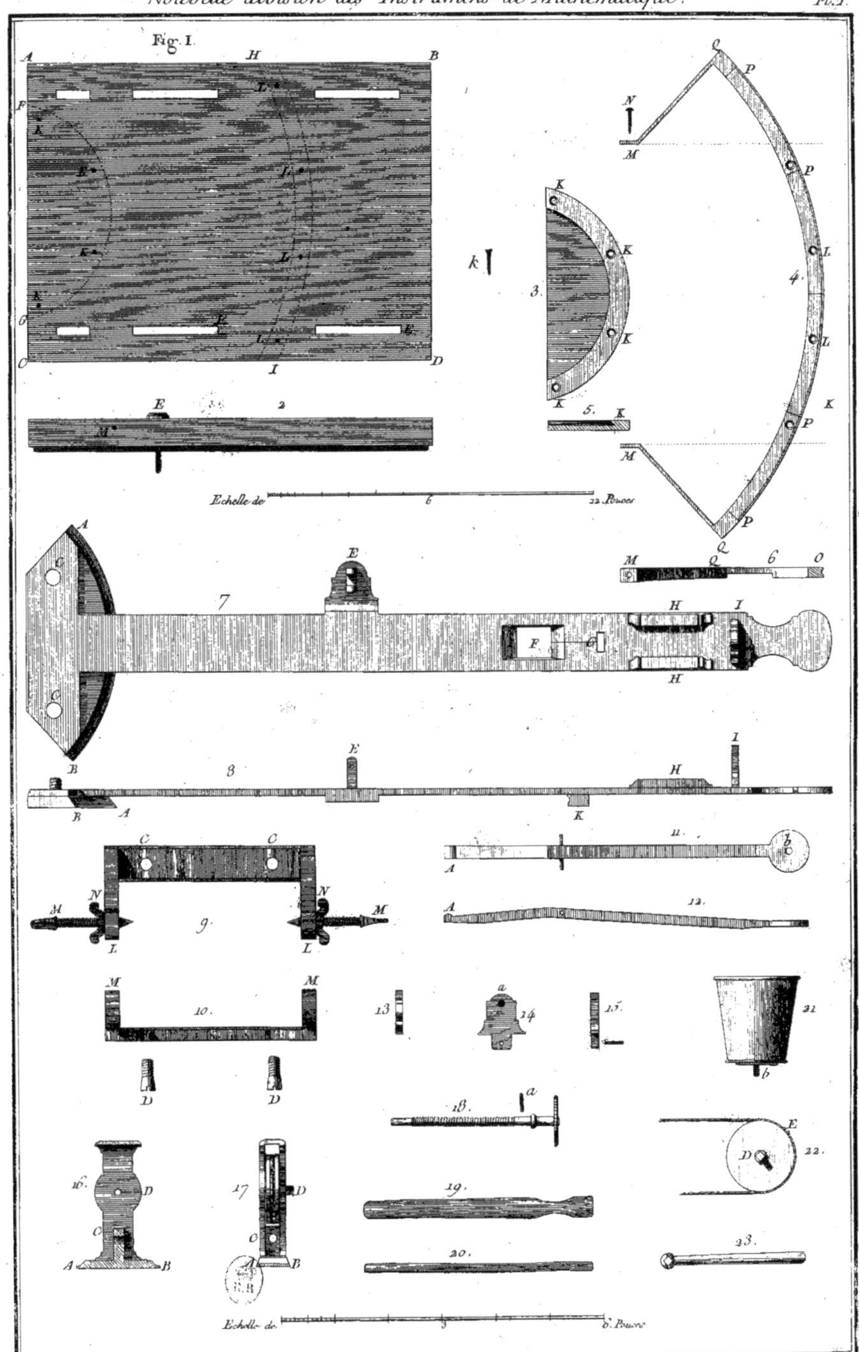

Nouvelle division des Instrumens de Mathematique.
Pl.I.
Fig.I.
Echelle de 22 Pouces
Echelle de 6 Pouces

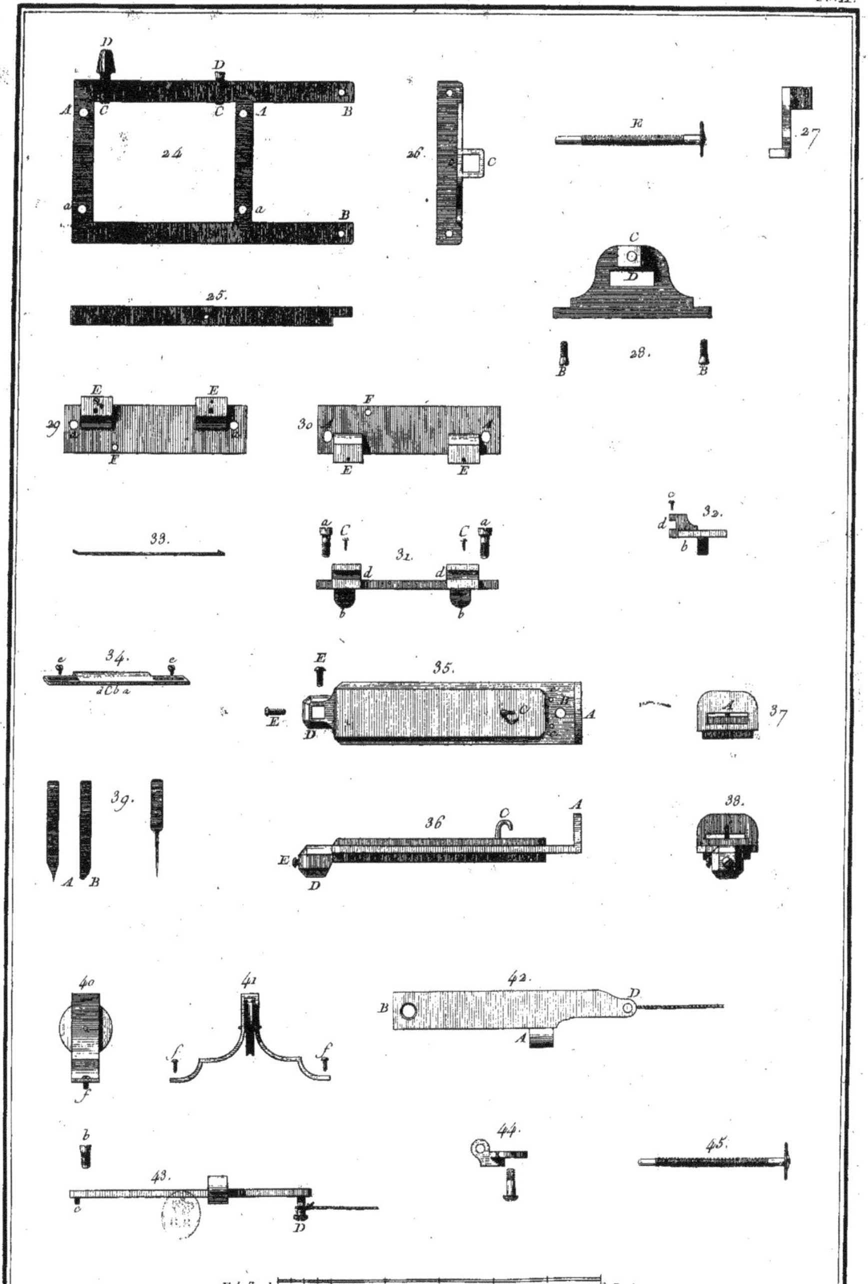

Echelle de 3 6 Pouces.

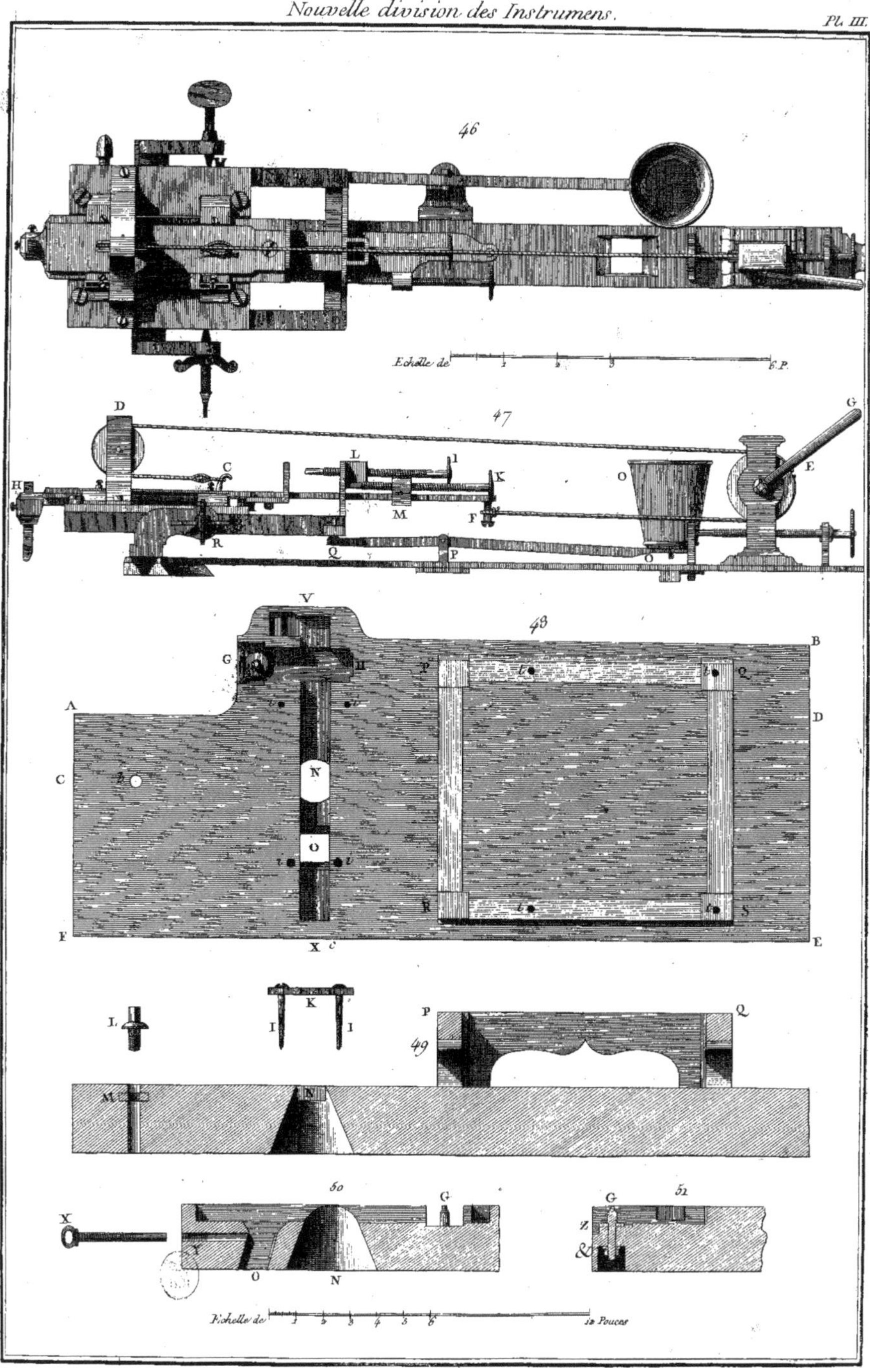
46
Echelle de
47
D
C
L
l
K
H
O
G
E
M
F
R
Q
P
O
V
48
G
H
P
B
Q
A
D
C
N
O
X c
R
S
F
E
L
K
I
I
49
P
Q
M
N
50
G
X
O
N
G
51
Z
&
Echelle de
12 Pouces

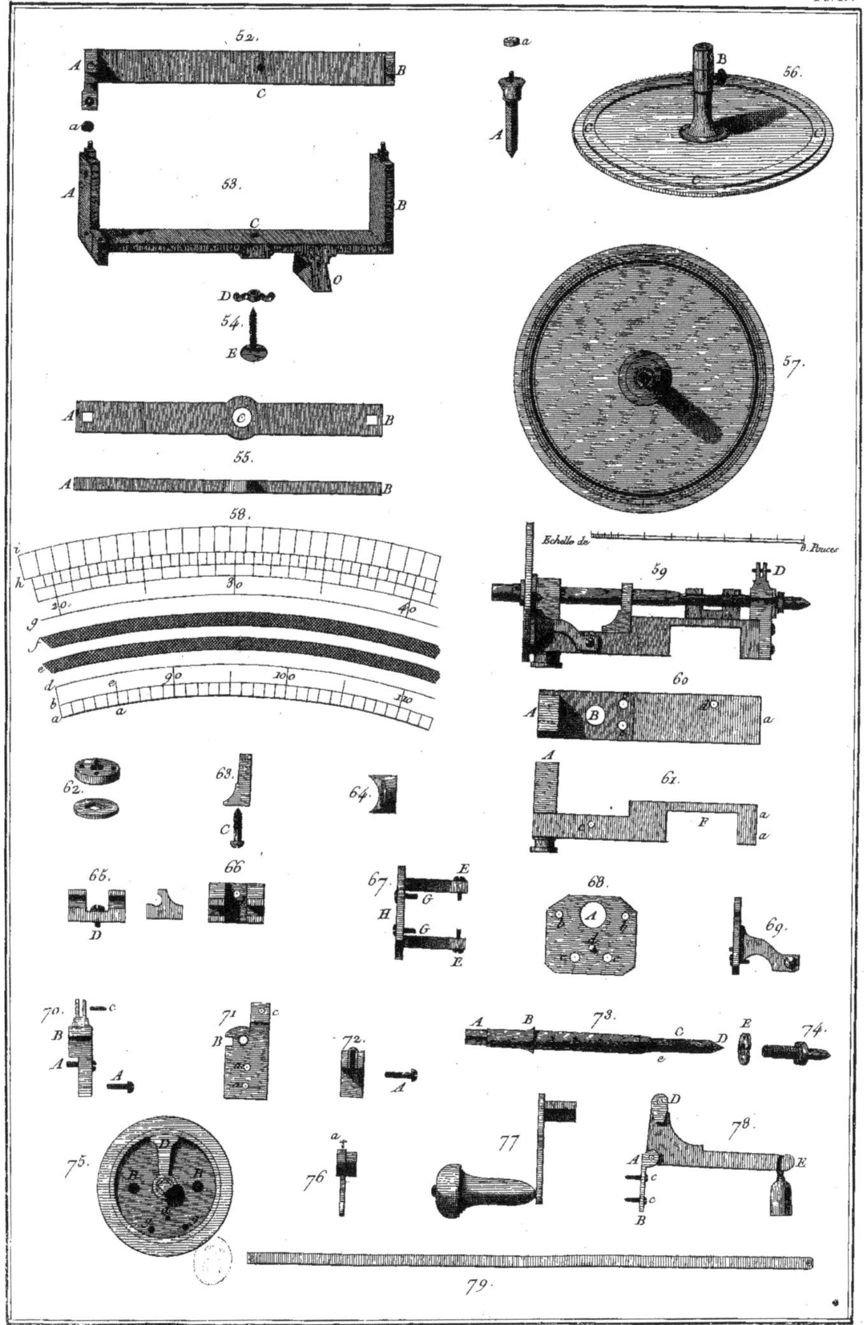

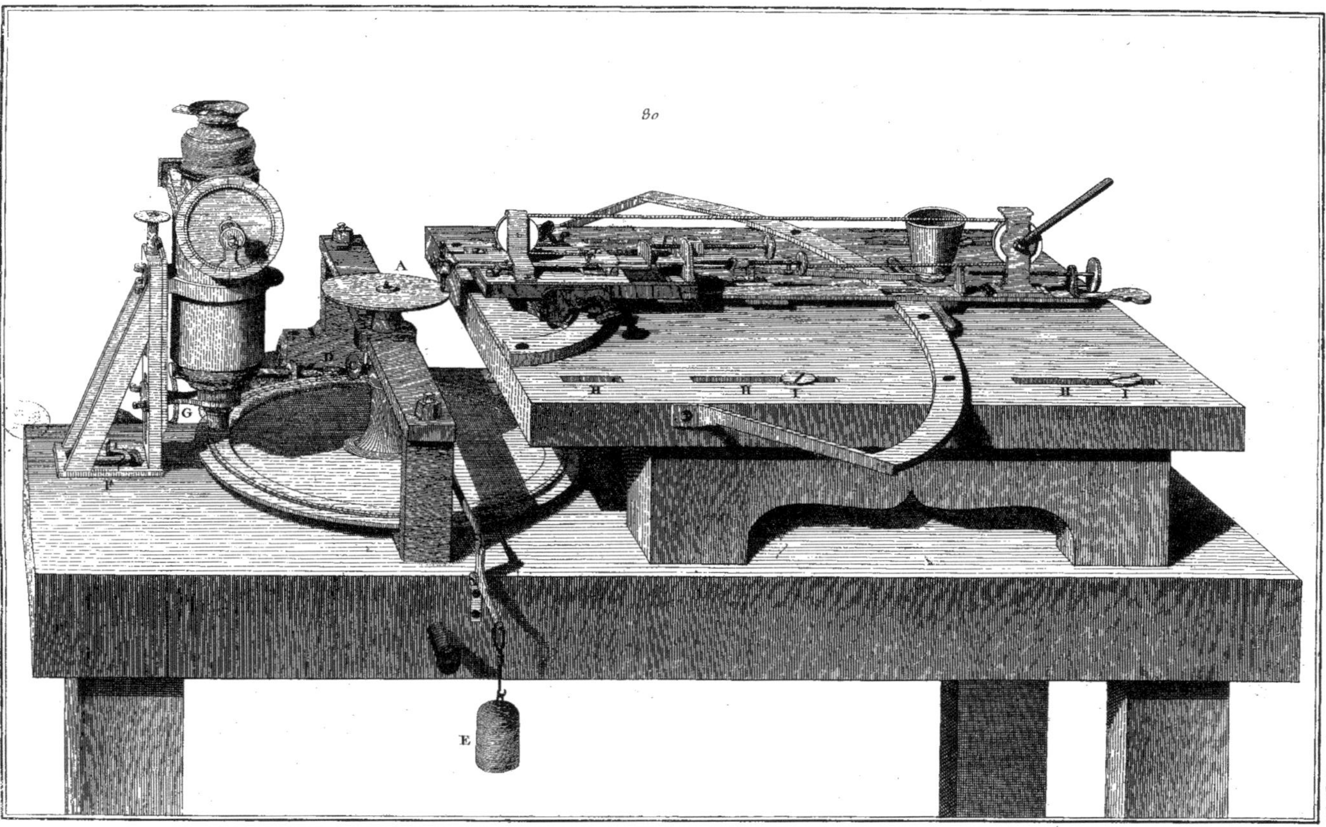

Nouvelle division des Instrumens.
Pl. V.

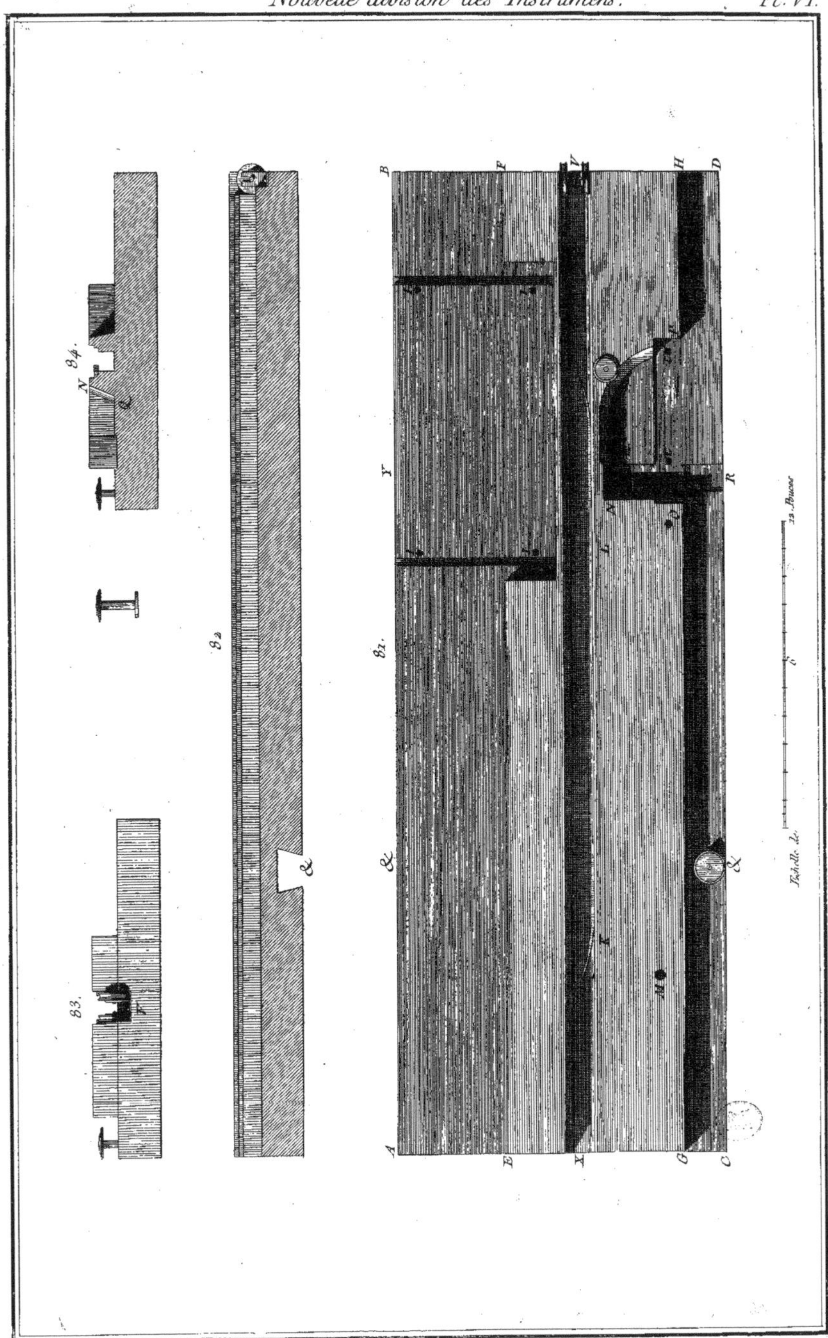
N.º 4.
N.º 3.
Echelle de
12. Pouce.

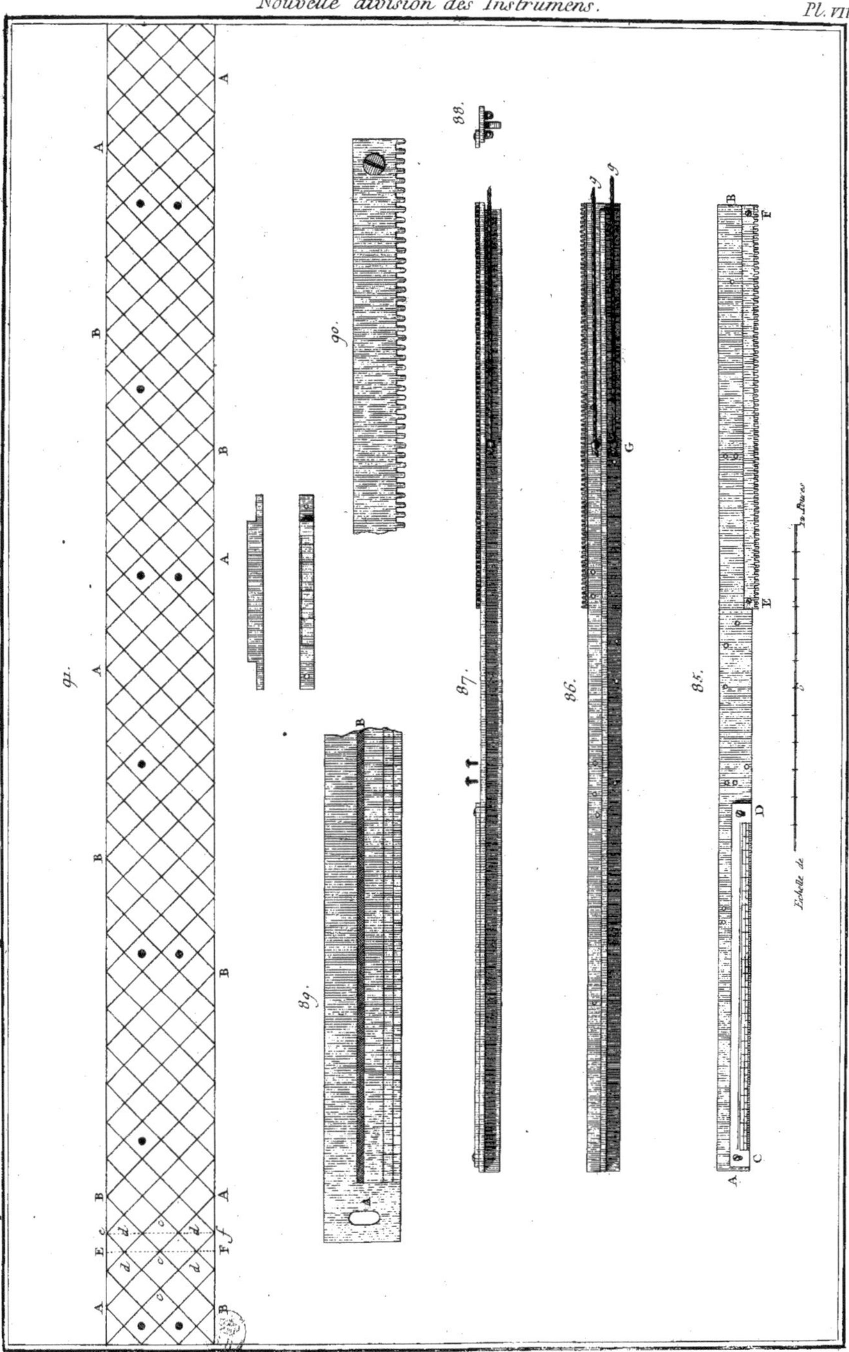
Echelle de

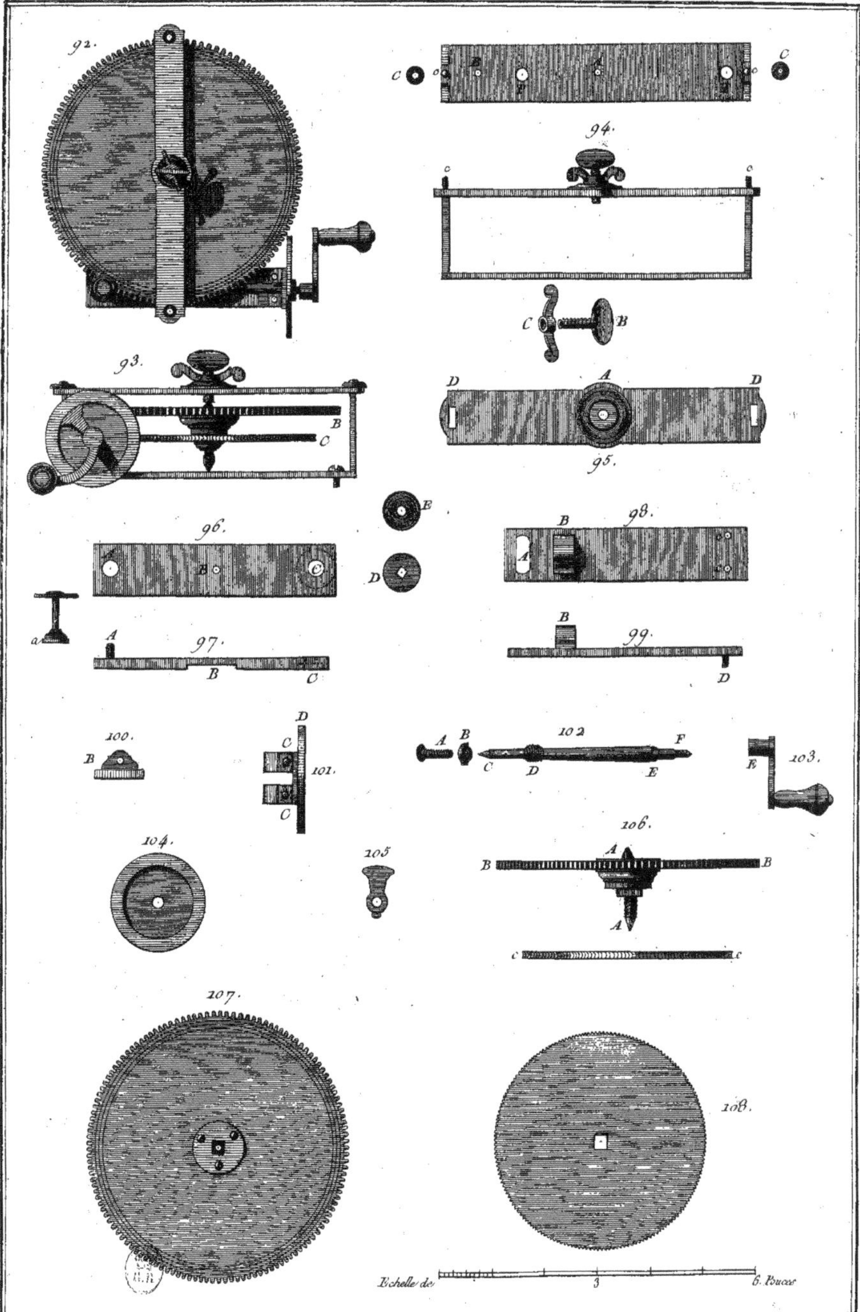
92.
C
94.
C
B
D
A
D
95.
93.
B
C
E
B
98.
D
A
96.
B
C
B
99.
a
A
97.
B
C
D
100.
B
C
101.
C
A
B
102.
F
C
D
E
E
103.
104.
105.
106.
A
B
B
A
c
c
107.
108.

Echelle de   3   6 Pouces.

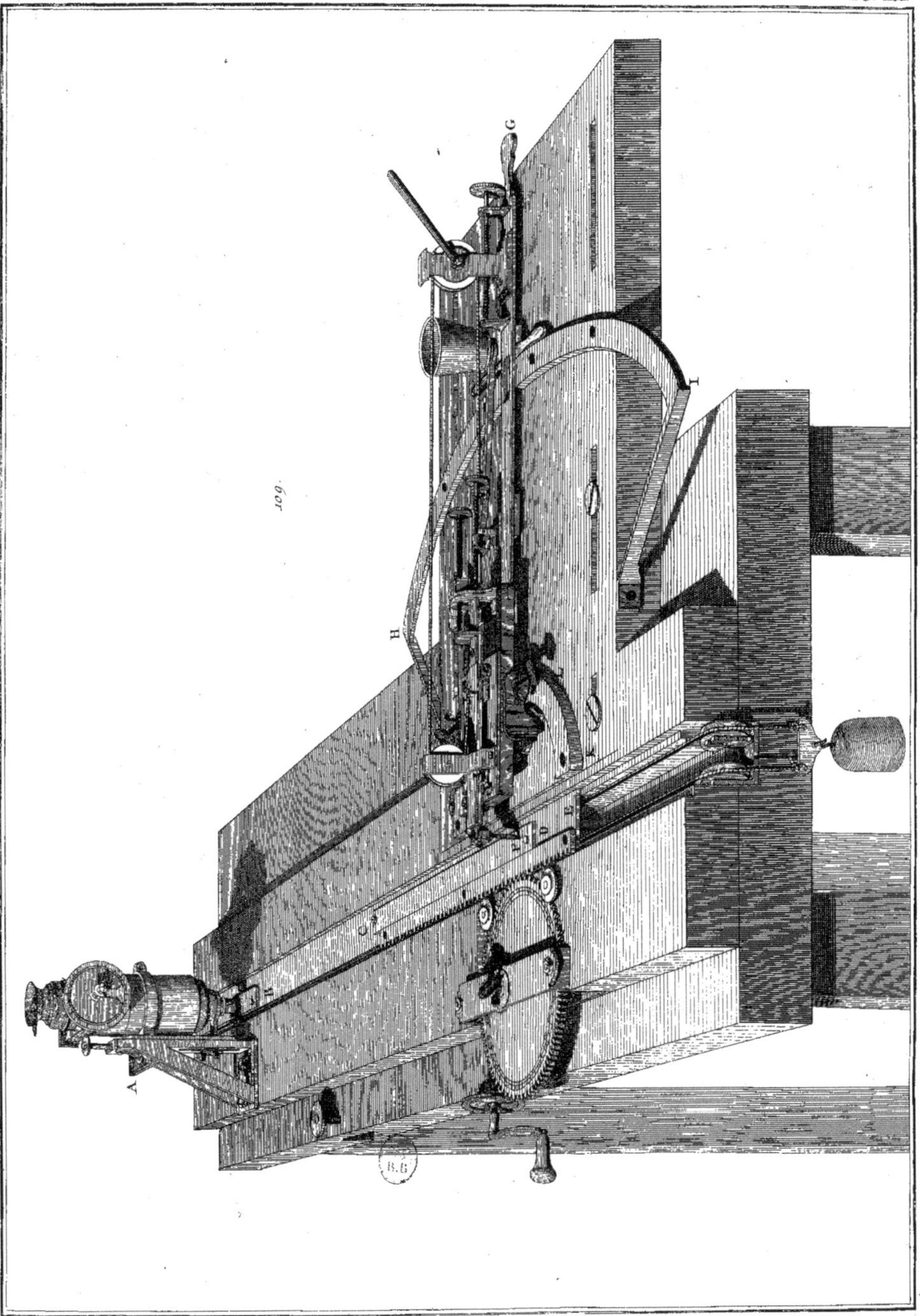
Fig. 609.

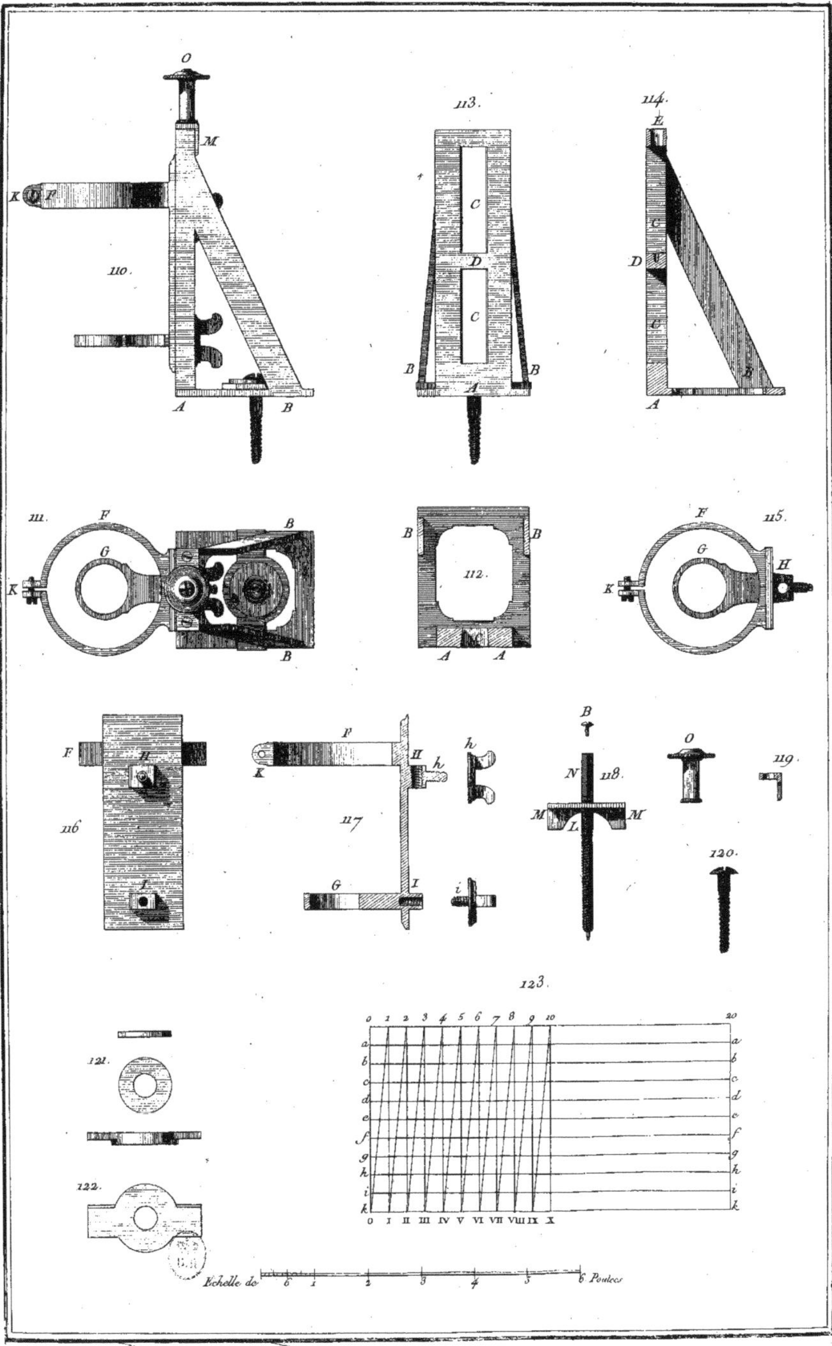

110.
113.
114.
111.
112.
115.
116
117
118
119.
120.
121.
122.
123
Echelle de   Poulces

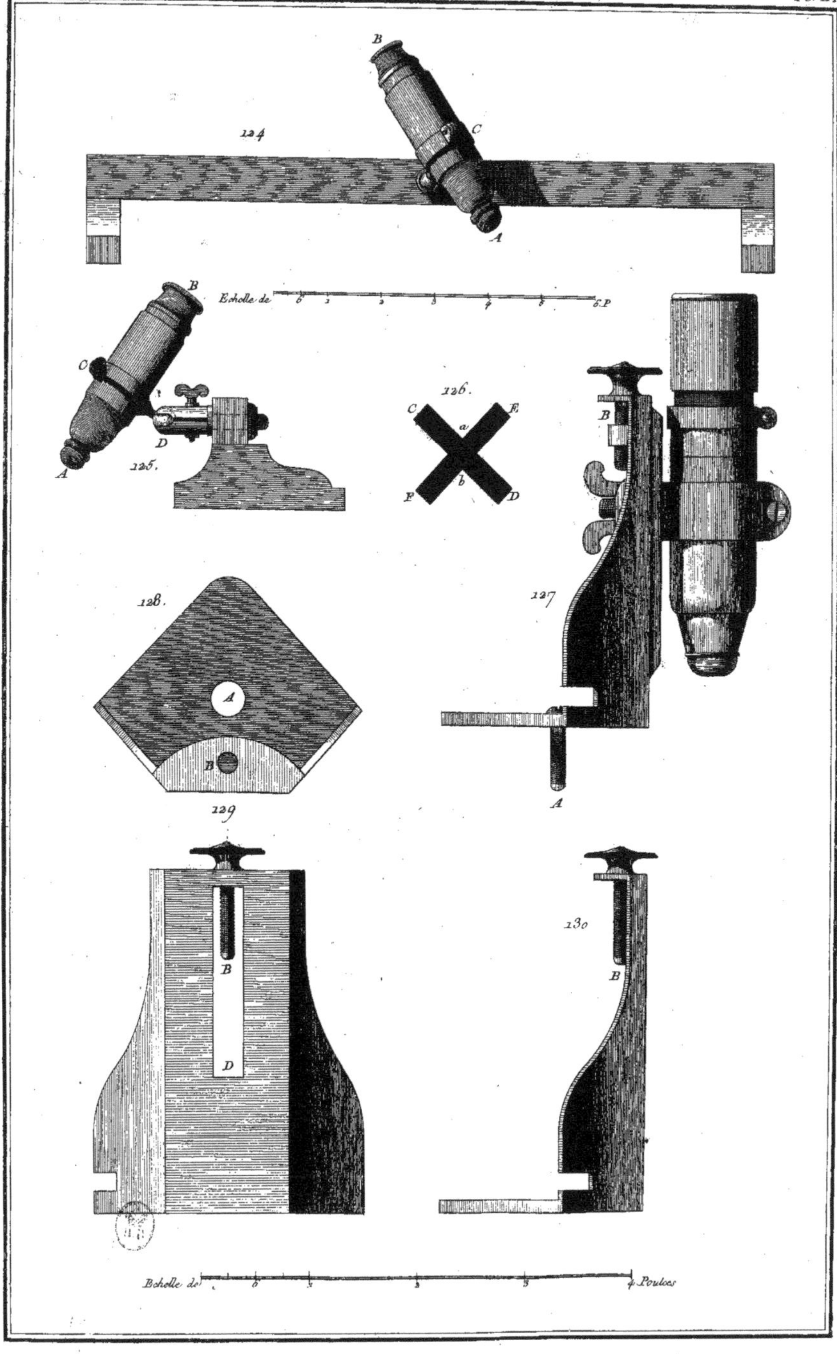
B
124
C
A
B
Echelle de   6   1   2   3   4   5   5.P
O
D
125.
A
126.
C   E
a
F   b   D
B
127
A
128.
A
B
129
B
D
130
B
Echelle de   6   1   2   3   5   4.Pouces

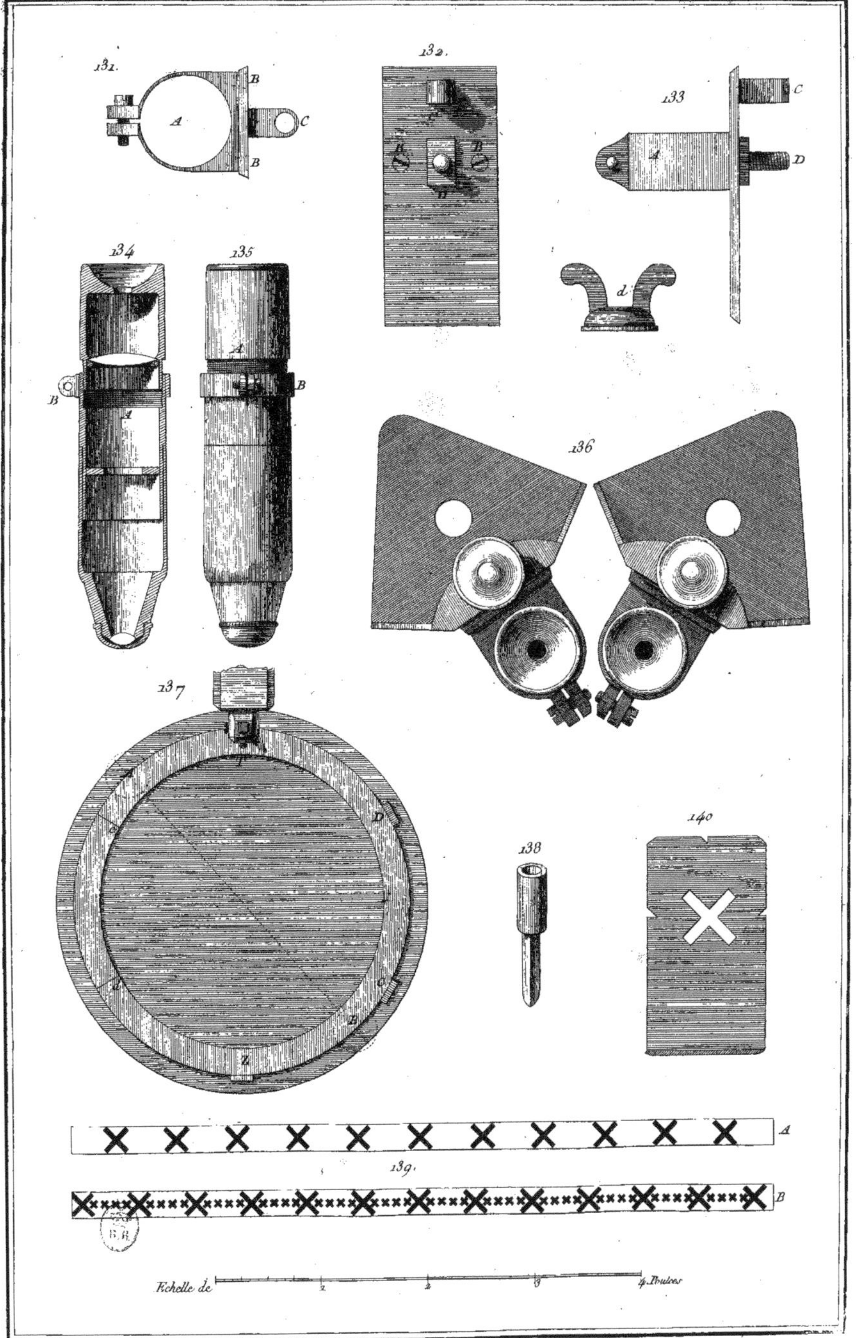
131.
132.
133.
A
B
C
B
B
C
D
d
134
135
A
B
B
A
B
136
137
138
140
139
A
B
Echelle de   1   2   3   4 Poulces

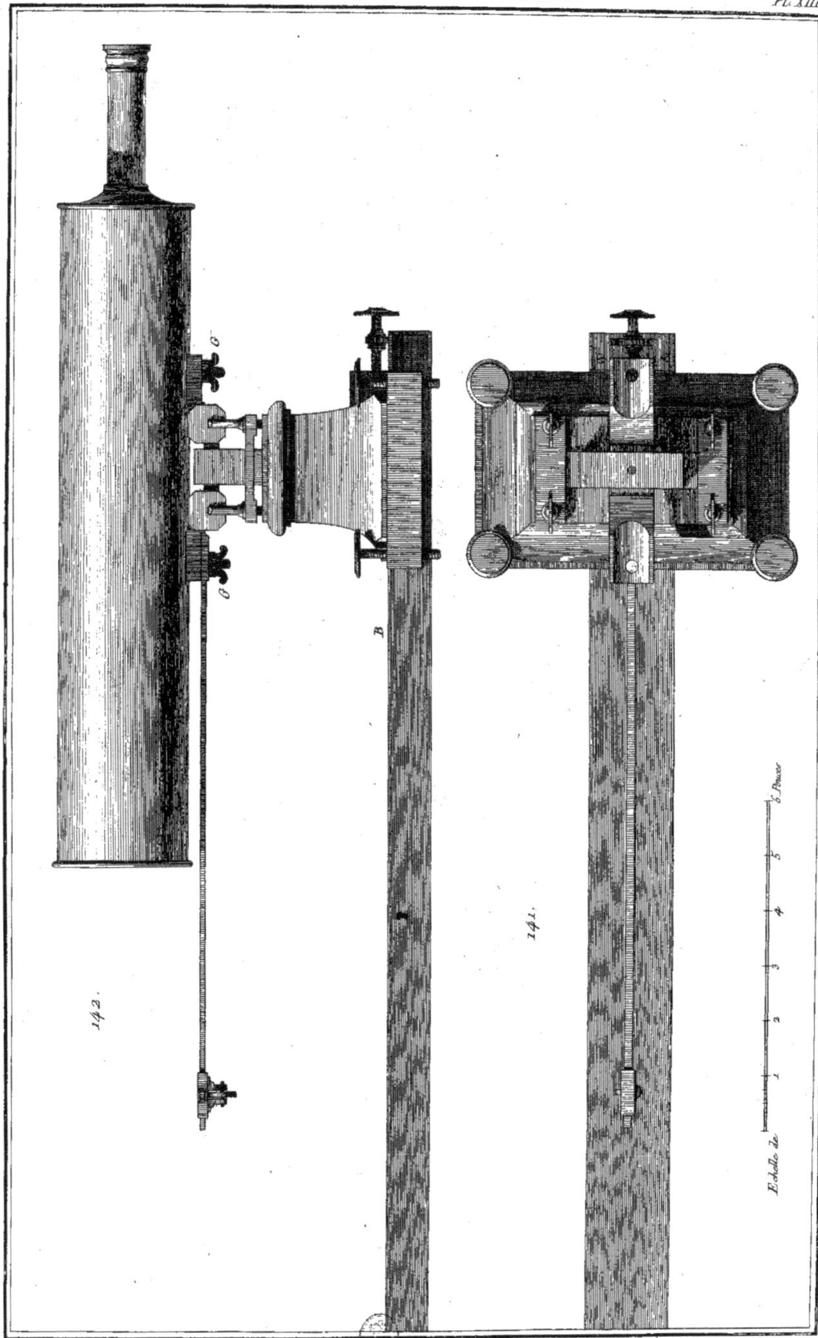
142.
G
G
B
141.
Echelle de
1 2 3 4 5 6 Pouce.

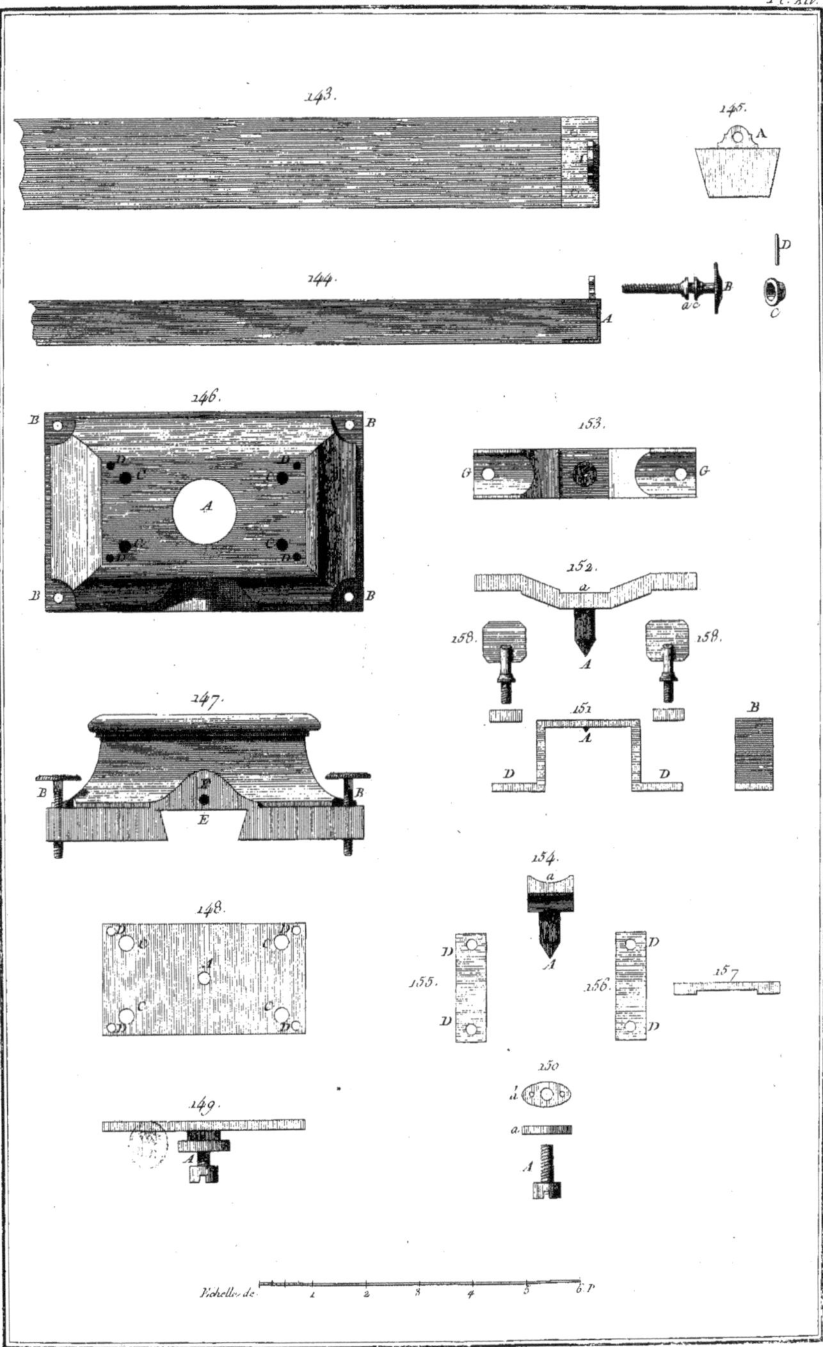
143.
145.
A
144.
D
B
a c
C
A
146.
B   B
D
C
D
A
C
D   D
B   B
153.
G   G
152.
a
158.   158.
A
151.
A
D   D
B
147.
F
B   B
E
154.
a
148.
D   D
C   C
A
D   D
A
C   C
D
155.   156.   157.
D   D
D   D
150.
a
149.
a
A   A

Echelle de   1   2   3   4   5   6 P.

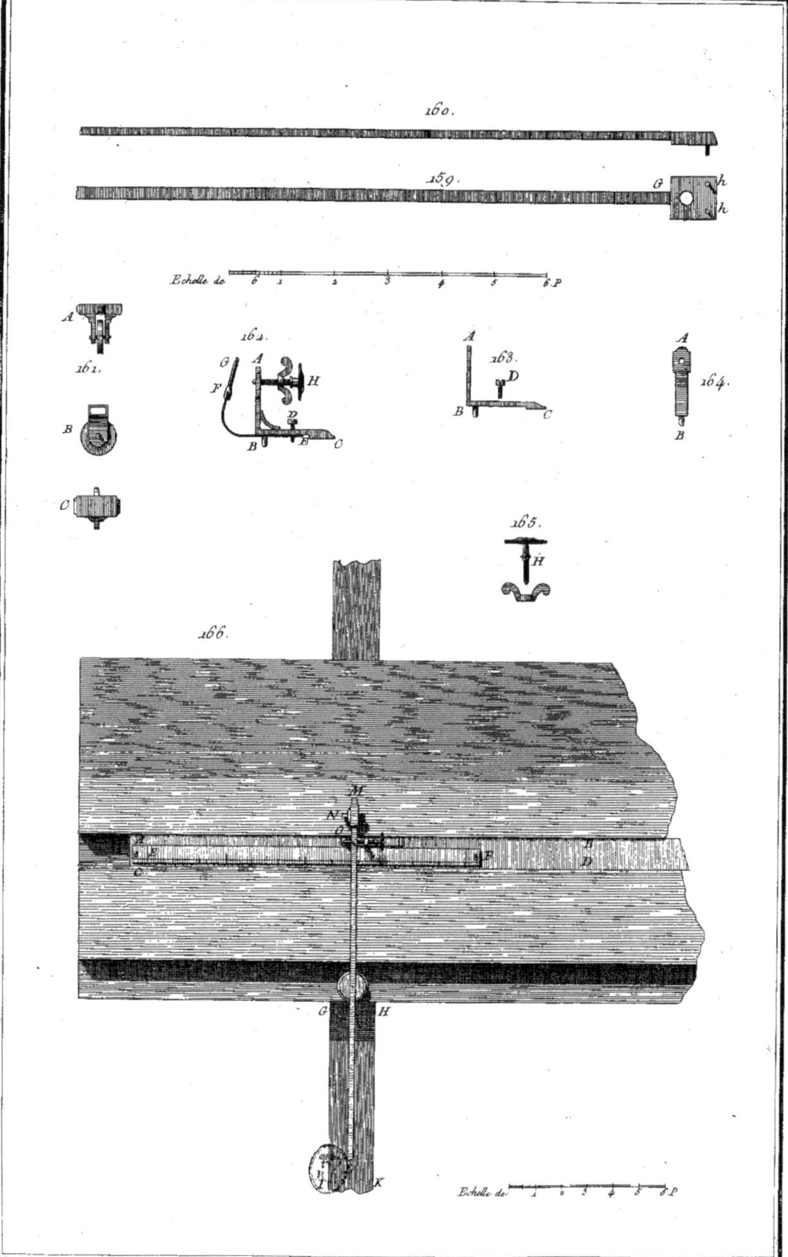
160.
159.
G
h
h
Echelle de   6 1   2   3   4   5   6.P
A
161.
B
C
162.
G   A
F   H
D
B   E   C
A
163.
D
B   C
A
164.
B
165.
H
166.
M
N
O
E
C
F
H
D
G   H
K
Echelle de   1   2   3   4   5   6.P